新型职业农民

创业培训教材

靳 伟 李秀枝 成守敏 主编

中国农业科学技术出版社

图书在版编目(CIP)数据

新型职业农民创业培训教材 / 靳伟,李秀枝,成守敏主编.—北京:中国农业科学技术出版社,2015.8

ISBN 978-7-5116-2182-5

Ⅰ.①新… Ⅱ.①靳…②李…③成… Ⅲ.①农民-劳动就业-中国-技术培训-教材 Ⅳ.①F323.6

中国版本图书馆 CIP 数据核字(2015)第 170014 号

责任编辑	崔改泵　梅　红	
责任校对	李向荣	

出 版 者	中国农业科学技术出版社	
	北京市中关村南大街12号　邮编:100081	
电　　话	(010)82109194(编辑室)　　(010)82109702(发行部)	
	(010)82109709(读者服务部)	
传　　真	(010)82106650	
网　　址	http://www.castp.cn	
经 销 者	各地新华书店	
印 刷 者	北京科信印刷有限公司	
开　　本	850mm×1 168mm　1/32	
印　　张	7	
字　　数	182千字	
版　　次	2015年8月第1版　2018年5月第7次印刷	
定　　价	28.00元	

《新型职业农民创业培训教材》
编 委 会

主　编　靳　伟　李秀枝　成守敏

副主编　卢会忠　胡学飞　陈　勇　乔趁军
　　　　　路贵华　蒽　贤

编　委　杨心磊　卢金光　刘　伟　葛　森
　　　　　李　涛　贾新伟

目　　录

第一章 认识创业

一般情况下,农民工进城开始时都是抱着希望多赚钱的目的。随着时间的推移,许多人在外边学到了经验,在技术方面得到了锻炼,同时也积累了一定的资金。于是他们有了更高的目标和追求,例如自己创业等。如果你的手头有一些积蓄,并打算用这些积蓄作为投资,做一点小生意,这其实已经有创业的想法了。近几年来,很多农民工返乡创业或在异地创业,形成了与"打工潮"交相辉映的"创业潮",许多农民工也成为创业者。

第一节 创业与农业创业概述

一、现阶段农村特点

在现阶段,我国农村走向"共同富裕"主要体现在 4 个方面。

(一)村民私有财产和集体积累不断增加

这是实现共同富裕的物质基础。一个村镇,无论是以私营、个体经济为主还是以集体经济为主,都符合有中国特色社会主义的要求,不需要统一的模式。根本目标是社会财富的不断增加、村民普遍达到与当地生活水平相适应的"生活宽余"的程度。当然,如果集体积累的财富比较充裕,乡村共同富裕的基础会更加扎实、深厚。

(二)村民共享的公共事业和保障事业不断发展

在农村,必须大力加强与群众生产生活密切相关的基础设施建设,特别要大力加强文化、教育、医疗、卫生、娱乐、健身等设施的建设。这些基础性、公益性事业越发展,人们的整体生活水平就越高。

另一方面,建立健全社会保障制度,特别是养老保险、医疗保险、最低生活保障等基本保障制度,这是缩小贫富差距的途径之一。村民获得社会保障的项目越多、程度越高,人们的整体生活水平也越高。

(三)困难村民的基本生活保障水平不断提高

困难群体的存在,既有天灾人祸等客观偶然的原因,也有自身体力或智力残缺等人身必然原因。迄今为止,这是无法避免的社会现象。农村走共同富裕之路的首要目标之一,就是关注贫困群体、消灭穷困现象。同时,随着村民生活水平的不断提高,穷困村民的生活水平也有所提高,共享改革和发展的成果。

(四)"工业反哺农业,城市带动农村",城乡共建新农村

我们党曾经多次提出建设社会主义新农村的目标,提倡依靠农民自身的力量来实现这个目标。中央提出建设社会主义新农村的一个突出特点,是城乡联手共建新农村,国家、农民、全社会合力共建新农村。这在新农村建设史上是一个历史性转折。

二、创业与传统务农及打工的差异

创业与传统的务农及打工都是在社会上获取收入的手段,但其地位和责任有明显的区别。

(一)创业与打工的主要不同点

与继承父业务农及进城打工相比,创业最大的不同是独立开创新的自己的事业,这一事业往往能够更彻底地改变创业者的现状。创业者开创事业后的收入主要是从社会上获得的,有很大的不确定性,但也可能带来更多的收入。外出打工在寻找工作时也

有一定的独立性,通过打工也能在一定程度上改变自己的现状,但打工者一旦开始工作就要听从别人的安排和指挥,收入一般是确定的。对现状改变的程度要远低于创业。

由于是独立开创自己的事业,需要创业者有全面的考虑,同时也要有更多的付出和更大的责任。由于是新的事业,常常有更大的不确定性,更高的风险,要解决更多的新问题。与继承家业务农及打工相比,创业需要的付出更多,难度和风险更大。打工和就业也有风险,也要付出,也有一定的责任,也要考虑不同的问题,但无论在哪一方面都无法与创业相比。下面的表格简单表示两者的不同(表1-1)。

表1-1 创业与否利弊权衡一览表

创 业		家庭务农与就业	
利	弊	利	弊
成就感	压力大	压力小	成就小
可能高收入	风险大	风险小	收入稳定
主动权	责任大	责任小	被动性

(二)创业好还是打工好

无论在哪里,普通就业者都是多数,而创业者则是少数,这说明创业有相当大的难度。另一方面,在世界上,收入高、生活保障度高的多数是创业者,说明创业能够取得更大的成就。

比较社会上的创业者与家庭务农和就业人员我们可以看到,创业虽然要承受较大的压力,有较大的风险,更大的责任,特别是创业初期,创业者要有更多的投入,更长的工作时间,更大的工作负担,但也可能取得更大的成就,获得更高的收入,对社会和家庭也有更大的贡献。综合上述各点,可以说,对于有意愿改变自己现状的人,对于能够承担风险并担负更大责任,愿意付出更多努力的农民,可以而且应该考虑开创自己的事业。

【案例】

远走不如近扎

——阚小四在家门口创业的感悟

阚小四是安徽肥东阚集人。像大多数农村青年一样,1995年初中毕业后,他就跟随着村邻们一起北上去打工,来到了梦寐以求的首都北京。满以为北京遍地都是黄金,却没想到在六里桥附近的招工市场上苦苦蹲守了半个月,才被一位建筑队老板看中,从此开始了在工地担泥桶、拌水泥的小工生活。活儿辛苦工资低,当时不干又没别的办法。

阚小四算是个聪明的小伙子,他总想找一条属于自己的路,于是一年后,他拿着仅有的一点工钱又开始寻找自己的梦。他先后在北京的小饭馆里洗过盘子,给大公司当过清洁工,后来又干了快递员。每跳一次槽,同时也更坚定了他一分自己创业的决心。几年之后,他终于在北京动物园批发市场上租下了一个小小的摊位,自己给自己当起了老板。外面的世界很精彩,外面的世界也很无奈。阚小四虽然再没有寻找工作的烦恼,但并没有摆脱客居异地的种种不方便。远在安徽空巢中的家人同样也有着无数说不出的辛酸。真是"一种相思,两处闲愁","剪不断,理还乱",经常是"此情无计可消除,才下眉头,又上心头"。

2005年,阚小四终于带着在北京10年的辛苦所得,回到阚集,利用家乡的自然条件,把家门口的池塘改成养殖场,主养甲鱼和其他经济型鱼类,专门供应省城合肥的各大酒店。一番辛苦,一番耕耘,自然也喜获一番收获。如今的小阚,已经成为小镇上第一个自己买得起汽车的人了。

比较出外打工和自己创业,小阚的感悟是:"远走不如近扎"。他说,出外的最大收获是积累了运作资金,增长了生活见识,同时也品尝出了市场的滋味。做了这些后,再简单地重复劳动循环已经毫无意义,不如回家做点踏实的事业;即使单纯从赚钱角度去考虑,刨去外面的吃穿住行等,高工资也只相当于在家的低工资,更别说生活中的那许多具体烦恼了。

三、创业与农业创业

创业是一种创新性活动,它的本质是独立地开创并经营一种事业,使该事业得以稳健发展、快速成长的思维和行为的活动。走上创业之路,是人生的一个大转折,它是成就自己事业的过程,是自我价值和能力的体现。创业,要直接面对社会,直接对顾客负责,个人的收入直接与经营利润连在一起。其实,创业的过程就是解决一个接一个的矛盾。正如:"创业最大的难处,就是可以当自己的主人。"这使人想起一个小谜语:"海军陆战队和男童军有什么差别?"答案是:"男童军有大人带领。"而这句话也说明了创业所必须面对的挑战:多年来都由别人给你发号施令,创业以后再也不能依赖别人,一切都得靠自己。

农村是一个广义的概念。在我国,人们应该看到在产业转移过程中,有大量的中间地带、过渡地带。"创业"也是人们经常讨论的热门话题。农村劳动力自主创业,可以通过创业来创造财富,同时获取属于自己的事业。目前,农村创业的市场是比较广阔的,善于去考察和调研就能发现一些好的项目。首先要有对市场敏锐的洞察力;其次,要有创业的信心和不屈不挠的精神。综合这两点去创业,同时把握市场的动态就一定能做好一门事业。农村有很多养殖项目值得去做,比如,野兔、山羊、奶牛等农村畜牧养殖都被创业者所看好,有很多好的案例值得我们去探讨和学习。在江西,有一位农村青年养殖沧山黑山羊走上富裕的路,同时开创了属于自己的事业,也得到全村人的赞赏和认可。很多例子告诉我们,农村是一个很大的财富聚集地,目前仍有很多项目的空白,只要善于调研就能发现一个新的市场商机。

第二节 农民创业的必要性

一、为什么要创业

对于为什么要创业这个问题,不同的农民创业者有不同的答案。归结起来主要有以下几种。

(一)生存的需要

如因为当地土地等资源不足,使部分农民既不能继续种地谋生,又不能在城市找到就业岗位,在条件的逼迫下走上了创业路。我国东南沿海地区就有不少这样的例子。这一地区人多地少,不少地区人均耕地只有二三分,使当地农民无法以耕种土地为生,很多人走上了创业路。当前还有不少城市在发展中占用了周边耕地,在这些城市的郊区,由于耕地的减少,一些农民已经不可能继续种地为生,不少农民因此也开始创业。

(二)发展的需要

改革开放以来,由于眼界开阔,能力提高,受教育程度的提高,以及各方面条件的变化,使我国不少农民有了更高的追求,他们不甘心维持现状,不愿一辈子以传统方式务农或打工,从而闯出了一条创业路。如河北省馆陶县的农民靳任任,16 岁初中毕业后就到城市打工,在此期间她产生了创业的强烈愿望,17 岁时利用打工积累的 2 000 元回乡从事特种养殖,3 年后,其养殖的产品销售到全国各地,有了百万以上的财富。又如,安徽省的徐燕 1994 年职高毕业后在银行当储蓄员,这本是适合女孩子的工作,但她觉得从事储蓄工作与自己的兴趣、理想相差甚远,决定辞去储蓄员工作,从事自己喜爱的苗木花卉事业。她的决定得到了开明父母的理解与支持,从此她开始了在自家土地上种植及销售苗木,工作虽然艰苦,但徐燕非常热心,事业很快得到发展。经过十年艰辛奋斗,徐燕由零星养花送花发展到生态经济园种植与经营,并带动了周边近百户农户创业。2006年徐燕获得全国"双学双比"女能手称号。

(三)独立的需要

从近几年对返乡农民创业的调查中可以看到,部分农民在打工中学会了企业的经营与管理,不少农民通过打工逐步感到,自己的能力并不比老板差,也能够经营管理好一个企业,从而产生了独立的要求,并走上了创业路。以下例子说明了这一问题。

浙江省上虞市的于振生,16岁高中毕业后进入镇办玻璃钢厂。由于年轻能干,肯吃苦,爱钻研,受到企业的重视,22岁就担任了有300多员工的镇办企业副厂长,负责产品销售。在工作中,他看到当时一种新型电动机利润高,市场需求量大,而且生产也并不困难,几次向领导建议增加电动机生产业务,但厂领导认为,当前企业的生产形势很好,没有必要再去冒风险。在经过反复思考后,于振生辞去企业中的工作,与几个同伴一起组织新型电机的生产,不到8年,他们所创办企业的产值超过1亿元。

(四)自尊的需要

在农村的青年人中这样的例子比较多。如四川的一个农民结婚后,看到妻子的姐妹家庭条件都比自己好,每次与妻子回老丈人家时都感到抬不起头来,因此,下决心创业,并很快取得了成效。吉林省农民邹文龙在高中结识了自己的女朋友,后来他的女朋友考上大学,而他因健康原因未被大学录取,只能靠打工维持生计。为了消除与女朋友的差别,他开始创业,几年后成为上海很有名气的家具销售商。浙江省衢州市的农民陈某曾患小儿麻痹症,落下残疾,28岁还没有找到对象。一次进城时看上了在城里打工的18岁姑娘,并开始谈恋爱。两个人各方面的差距促使其下决心改变自己的现状,他放弃做了多年的木匠,用自己和家庭积攒下的3万元钱闯到贵阳市销售家乡生产的胡柚,取得成功,也赢得了姑娘的芳心和姑娘家人的认可。

目前,这类为改变自己地位和收入条件而创业的事例越来越多。

(五)实现自己想法的需要

我国还有不少农民在长期生产经营活动中产生了新的想法,他们不拘泥于原有的生产方式,认真研究新的生产方式或开发新产品,因此走上了创业路。

如,陕西蒲城的农民矍俊发种了多年的西瓜,有较高的种瓜技术和丰富的种瓜经验,他一直希望能够种出与众不同的西瓜,并因此进行了长达 7 年的开发,最终获得成功并开创了自己的事业。

山东省聊城的农民王立河祖祖辈辈以烧花盆为生,后来看到制作蛐蛐罐利润高,想转烧蛐蛐罐。由于两类产品的工艺不同,做蛐蛐罐却总是不成功。但他有一股韧劲,坚持努力了 6 年,在失败了上千次后终于摸索出成熟的工艺,烧出了当地最好的蛐蛐罐,得到了社会的认可。

促使农民创业的原因还有一些,以上我们可以看出,激发起农民创业愿望的原因是不同的,但创业有一点是相同的,就是能够改变创业者的现状,给创业者更大的发展空间,不但能够使创业者的生活好起来,而且也会有更大的成就感,解决创业者的生存和发展问题。

二、农民工创业优势

创业不一定需要特殊的才能,只要敢做,人人都会有创业的优势。农民工也有着自身的创业优势。

(1)农民工可能文化水平不高,但具有实干精神与较强的动手能力。说干就干,干脆利落。这就是非常宝贵的创业优势。

(2)农民工的视野可能窄了点,见识少了些,但脑海中条条框框的束缚也少了许多,做事时少了几分顾虑,多了几分对事物兴趣和探索精神。这正是开创事业的企业家优势。

（3）农民工的对外交往活动可能少些，关系圈子小些，但土生土长，乡亲众多，在劳动力和用工上又具备着难得的优势。

（4）农民工可能在技术上不具有优势，但却有着丰富的乡土资源，在原材料供应上也占据着明显的优势。

（5）农民工可能不敢冒险，做事风格趋于保守，但扎扎实实，一步一个脚印，稳步前进，能有效地避免大起大落。这又是有利于企业稳健发展的一大优势。

如上所述，农民工身上有许多的先天创业优势，城里人短期内难以赶上；更何况农民工还有着诸如吃苦耐劳、憨厚淳朴等许多的其他优点。只要利用好了这其中的某一个或几个优势，农民工就不难开创出一条自己的事业来；如果发挥好这些优势，那农民工很可能就更容易成就出较大的事业了。

三、影响农民工创业的原因

虽然创业可能是农民工命运的一次转折，但大多数进城务工的农民工，还是选择了长期打工这条路，真正立志创业的屈指可数。在调查农民工为什么不创业的原因是什么？农民工比较统一的答复是有以下几种。

（1）孩子正在读书，家里需要花钱，经不起创业的风浪摔打，害怕万一出现什么闪失。

（2）某些地方干部作风恶劣，贪污成性，置中央政策于不顾，为农民创业设置障碍，或随意加重企业负担。

（3）年纪大了，不想胡乱折腾了。

（4）赚钱的项目都被别人做了。

（5）没有朋友，一个人做不起来。

其实，这都是表面原因，真正的原因恐怕还得从文化渊源里去找找根子，那就是：

（1）自信心不足。由于历史遗留下来的原因使农民工产生了严重的自卑感，事事退缩，往往错过了许多机会。

（2）缺乏意志力。有些农民工意志力薄弱，甚至毫无意志力，而现实观念又太强。凡事就只注重眼前的那一点点，却不相信、更不去争取今后可能发生的更大成果或利益。表现在办事上就是要么畏首畏尾，迟迟下不了决心；要么莽撞上阵，一遇困难，即行退缩。

（3）不思进取。有些农民工安于现状，不思进取。有吃有穿了，有房子有媳妇了，心里也就彻底满足了。于是年年赚两个小钱，天天喝两口老酒，时时搓几圈麻将，任日子在优哉游哉中怡然飞逝。

（4）不愿学习。有些农民工不愿意学习，动辄抬出挡箭牌："咱没文化，学不了。"人的文化不是天生的，没文化就更要去学，下苦功学，总有学会的一天。如果动辄以此为借口，因循苟且，明日复明日，农民工个人与家庭的翻身还有希望吗？新农村的建设最后又该靠谁去完成呢？

（5）假面子观念作怪。有些农民工骨子里软弱，面子上却极要脸面。可以跟大家一样去打工，却不肯个人带头去创业。生怕一旦失败，惹人笑话。这其实是一种畸形的自尊。应该明白，谁笑到最后，谁才能笑得最好。打工永远都在遭遇风险，创业开头时遭遇一两次风险。创业成功了，从此有了自己的基业；即使失败了，重起炉灶另开张就是，大不了再回去打工，于自己也没什么太大的损失。

四、创业需要破除的思想障碍

我们头脑中有不少思想障碍，这些思想上的障碍常常比缺乏某些物质条件更严重地影响我们开创自己的事业。

(一)影响农民创业的思想障碍

这些障碍主要表现在:①资金方面。认为没有足够的资金,就不能开办企业;这个障碍看似有理,俗话说,长袖善舞,多财善贾,钱多好办事。然而,从另一面看,钱的多少是相对而言的。前面提到的靳任任以及浙江农民陈驰、安徽农民陈庆松等,开始创业时都是仅有几千元。历史上农民开始创业时资金更少的例子数不胜数,部分农民甚至接近于白手起家。但这些农民积极想办法,找适合的项目,钱不多也可以创业。对于愿意创业的人,资金不会成为主要的障碍。②年龄方面。认为自己年龄大(或者小),所以不能创办企业。从影响创业的因素看,年龄小经验少,年龄大精力差,年龄过小或过大的确对创业不利,年龄可能成为创业的障碍。但反过来看,年龄小精力充沛,年龄大经验丰富,都是创办企业的有利条件。从我国的实例来看,农民创业者中有不少开始于十几岁,也有六十岁后开始创业的大量事例,说明年龄不会是创业的障碍,只要有心,在任何年龄段都能够创业。③文化程度方面。认为自己读书少,文化程度低,所以不能创业。从实例看,受教育和培训多是创业非常有利的条件,但文凭、学历、文化程度和知识、能力、水平并不能画等号。我国不少农民文化程度低,受教育的时间短,但通过长期的自学,丰富了知识,能力并不比读了很多书的人差。如山西运城的农民王衡,虽然只有小学文化程度,但通过自学,掌握了全面的化工知识,到 50 岁时已经有 59 项专利,两本专著,并获得了 2004 年的国家技术发明二等奖。

(二)这些情况不会影响创业

从成功的农民创业者来看,以下条件也不会影响创业的成功。一是身体条件,我国成功者的创业者中有耳聋者,有盲人,有行走不便的小儿麻痹患者,说明只要精力充沛,残疾人也能成功创业。我们看到,武汉市黄陂区的罗红胜因事故成为盲人,但他凭着多年从事养殖的经验不但继续参加生产经营,而且继续创业,靠种湘莲、菜藕、养鱼、养螃蟹每年能赚 300 多万元,超出了他过去养鱼时的收入,并带动了当地一批农民致富。二是经验条件,我们前面提到,不少农民十七八岁时已经开始创业并取得成功,说明经验是可以在创业实践中不断丰富和完善的,缺乏经验不会影响创业的成功。三是资历条件,资历在机关企业中有不小的作用,但似乎与创业的关系不大,大量青年农民创业成功可说明这一点。四是家庭背景,即人们的社会关系条件。当前的社会上,丰富的社会关系的确有利于创业,但缺乏社会关系在创业初期的影响并不很大。随着创业的成功,创业者可以建立并不断完善自己的社会关系。五是性别条件,我国农民创业者中,在不同的行业上男女比例有一定的区别。从创业的角度看,性别没有明显的影响。六是籍贯条件,目前我国东南沿海创业成功的农民比例高,西部地区农民创业成功的实例少,但进一步的分析可以看到,影响创业的可能是当时、当地的经济社会条件而并非人的差异。归纳起来,有些社会上认为会影响创业成功的因素其实对创业的影响并不大。

我国部分地区农民创业的比例很高,如浙江省的温州,河北省的白沟等等,也有些地区农民创业的比例较低。分析不同地区的情况可以看到,真正影响农民创业的主要有以下这些方面,从农民本身来说,敢不敢冒风险,愿不愿意承担更大的责任,能不能独立干事业,是否安于现状,是否缺乏自信和独立精神等往往决定其是否创业。从地区的条件来说,创业农民的比例高,说明当地创业的条件和环境好。由于我国过去不少地区创业的条件和环境不利,在一定程度上影响了农民创业。

在当前的情况下,特别是新农村建设以来,在我国创建城乡一体化新格局的条件下,农民只要有强烈的进取心,有创业的意愿和想法,多数可以创造创业所需的条件,走上自己的创业路。

五、农民创业的基本要求

(一)解放思想,更新观念

改革开放以来,我们克服困难,不断开创事业新局面,主要靠的是解放思想。思想解放的程度决定着改革的深度、开放的广度和经济社会发展的进度,思想解放是经济发展的源泉。

目前,在许多农民的头脑中,存在着安于现状、不思进取的小生产意识,存在着因循守旧、墨守成规的思维定式,存在着小事不愿做,大事不敢做的畏难意识,这严重地制约了农村经济的发展、农民生活水平的提高。农民要想创业,实现增收致富,就必须要革除旧思想、旧观念,冲破思想禁锢,改变不良的生活习惯,树立与时俱进的创新意识,用科学知识来武装头脑,用超前的眼光看待问题,抓住机遇,敢想敢干,不怕困难,不怕失败,勇于迎接挑战、面对挫折,通过努力奋斗,逐步实现事业的辉煌。

(二)加强学习,增强技能

21世纪社会发展、知识更新速度日益加快,社会竞争已经逐渐变成了知识生产力的竞争。要适应和跟上现代社会的发展,重要的途径就是与时俱进,不断学习,这样才能开阔视野、创新思维、拓宽门路,才能完善自己、超越自己,获得事业上的成功。

许多农民的科技文化素质较低,在很多时候虽然有创业的热情,但由于缺乏必要的生产、经营、管理等各方面的知识,不敢去实践,这在很大程度上限制了农民创业。对此,应当耐心地投入到学习中去,努力学习国家有关的法律法规政策,学习先进的科技文化知识,通过多种渠道获取致富信息,掌握创业技能,增强创业信心,提高做事创业的本领,从而获得事业成功,实现发家致富。

六、农民创业基本常识

(一)创业项目选择

(1)选择项目首先要考虑市场的饱和度和运营可行度,考虑净收益度(假设项目的年利润为 10%,就是说投入 10 万元才有 1 万元的利润,那么需要五年才能把成本收回,在某些情况下,可能还不如打工划算)。

(2)选择项目最重要的标准是看这个项目是否有特点,即这个项目的"个性",有没有区别于其他项目的特点。这里所说的"个性"并非一个空泛的概念,"个性"是由许多具体实在的内容组成的,它包括:创新,项目必须新颖,市场没有饱和,仍拥有可开拓的领域;创意,有新意,有特点,有自己特有的"卖点"。

(3)敢为人不愿。任何项目在具体实施时都会碰到这样或者那样的问题,这需要创业者用冷静的头脑去思考如何应对,不要随大流,要相信自己的眼光。

(4)专业。好的项目具有一定的"专业知识"含量,才可以在众多的项目中脱颖而出。

(5)有前瞻性。有些项目可能在目前的市场上还不是很"吃香",但一定可以在长久利益上胜出,是可以经得起时间考验的。

(6)"拿来"主义。即借用国外已经成熟的,但在国内尚不成熟的技术或商业模式进行创业。

(二)银行信贷办理

1. 银行贷款的对象及条件

借款人应当是经工商行政管理机关(或主管机关)核准登记的企(事)业法人、其他经济组织、个体工商户或具有中华人民共和国国籍的具有完全民事行为能力的自然人。

企业申请贷款,必须具备的条件有:

①企业须经国家工商管理部门批准设立,登记注册,持有营业执照。②实行独立经济核算,企业自主经营、自负盈亏。③有一定数量的自有资金。④遵守政策法规和银行信贷、结算管理制度,并按规定在银行开立基本账户和一般存款账户。⑤产品有市场。⑥生产经营有效益。⑦不挤占挪用信贷资金。⑧恪守信用。

除上述基本条件外,企业申请贷款,还应符合:有按期还本付息的能力;原应付贷款利息和到期贷款已清偿,没有清偿的已经做了贷款人认可的偿还计划;除自然人和不需要经工商部门核准登记的事业法人外,应当已在工商部门办理了年检手续;已开立基本账户或一般存款账户;除国务院规定外,有限责任公司和股份有限公司对外股本权益性投资累计额未超过其净资产总额的50%;借款人的资产负债率符合贷款的要求(申请中期、长期贷款)的新建项目的企业法人所有者权益与项目所需总投资的比例不低于国家规定投资项目的资本金比例。

2. 银行贷款的程序

(1)借款人提出贷款申请。借款人若需要银行贷款,应当向银行或其经办机构直接提出书面申请,填写《贷款申请书》。申请书的内容应当包括贷款金额、贷款用途、偿还能力及还款方式,同时还须向银行提交以下材料:借款人及保证人基本情况;财务部门或会计师事务所核准的上年度财务报告,以及申请贷款前一期财务报告;原有不合理占用贷款的纠正情况;抵押物、质物清单和有处分权人的同意抵押、质押的证明及保证人拟同意保证的有关证明文件;项目建议书和可行性报告;银行认为需要提供的其他有关材料;固定资金贷款要在申请时附可行性研究报告、技术改造方案或经批准的计划任务书、初步设计和总概算。

(2)银行审批。

(3)签订借款合同。

(4)贷款的发放。在《借款合同》中约定贷款种类、贷款用途、贷款金额、利率、贷款期限、还款方式、借贷双方的权利和义务、违约责任、纠纷处理及双方认为需要约定的其他事项。《借款合同》自签订之日起即发生效力。

（5）银行贷后检查。

（6）贷款的收回与延期。借款人如因客观原因不能按期归还贷款,应按规定提前的天数向银行申请展期,填写展期金额及展期日期,交由银行审核办理。

（三）银行贷款的种类

银行贷款的种类就是指贷款的形式。按照《贷款通则》的规定,目前我国商业银行发放的贷款形式主要有:委托贷款、信用贷款、抵押贷款和票据贴现等四种形式。同时,各商业银行面向市场积极进行金融服务创新,推出了许多适应中小企业需要的贷款品种。

第三节　创业者与创业类型

（一）创业者类型

1. 生存型创业者

创业者大多为下岗工人、失去土地或因为种种原因不愿困守乡村的农民,以及刚刚毕业找不到工作的大学生。这是中国人数最大的创业人群。清华大学的调查报告说明,这一类型的创业者占中国创业者总数的90%。其中许多人是为了谋生,一般创业范围局限于商业贸易,少量从事实业的也属于小型加工业。当然也有因为机遇而成长为大中型企业的,但数量极少。

2. 变现型创业者

是指过去在党、政、军、行政、事业单位掌握一定权力(第一类),或者在国企、民营企业当经理人期间聚拢了大量资源(第二类)的人,在机会适当的时候下海,开公司办企业,实际是将过去的权力和市场关系变现,将无形资源变现为有形的货币。在 20 世纪 80 年代末至 90 年代中期,第一类变现者最多,现在则以第二类变现者居多。

3. 主动型创业者

又可以分为两种,一种是盲动型创业者,一种是冷静型创业者。前一种创业者大多极为自信,做事冲动。有人说,这种类型的创业者,大多同时是博彩爱好者,喜欢买彩票、喜欢赌,而不太喜欢检讨成功概率。这样的创业者很容易失败,但一旦成功,往往就是一番大事业。冷静型创业者是创业者中的精华,其特点是谋定而后动,不打无准备之仗,或是掌握资源,或是拥有技术,一旦行动,成功概率通常很高。

4. 赚钱型创业者

除了赚钱,这类创业者没有什么明确的目标,就是喜欢创业,喜欢做老板的感觉。他们不计较自己能做什么,会做什么。可能今天在做着一件事,明天又在做着另一件事,他们做的事情之间可以完全不相干。其中有一些人,甚至对赚钱都没有明显的兴趣,也从来不考虑自己创业的成败得失。奇怪的是,这一类创业者中赚钱的并不少,创业失败的概率也并不比那些兢兢业业、勤勤恳恳的创业者高。而且,这一类创业者大多过得很快乐。

(二)创业企业类型

1. 复制型创业

这类创业是复制原有公司的经营模式,创新的成分很低。例如某人原本在餐厅里担任厨师,后来离职自行创立一家与原服务餐厅类似的新餐厅。新创公司中属于复制型创业的比率虽然很高,但由于这类创业的创新成分太低,缺乏创业精神的内涵,不是创业管理主要研究的对象。

2. 模仿型创业

这种形式的创业,虽然也无法给市场带来新价值的创造,创新的成分也很低,但与复制型创业的不同之处在于,创业过程对于创业者而言还是具有很大的冒险成分。例如某一纺织公司的经理辞掉工作,开设一家流行的网络咖啡店。这种形式的创业具有较高的不确定性,学习过程长,犯错机会多,代价也较高昂。这种创业者如果具有适合的创业人格特性,经过系统的创业管理培训,掌握正确的市场进入时机,还是有很大机会可以获得成功的。

3. 安定型创业

这种形式的创业,虽然为市场创造了新的价值,但对创业者而言,本身并没有面临太大的改变,做的也是比较熟悉的工作。这种创业类型强调的是创业精神的实现,也就是创新的活动,而不是新组织了创造,企业内部创业即属于这一类型。例如研发单位的某小组在开发完成一项新产品后,继续在该企业部门开发另一项新产品。

4. 冒险型创业

这种类型的创业,除了给创业者本身带来极大改变,个人前途的不确定性也很高;对新企业的产品创新活动而言,也将面临很高的失败风险。冒险型创业是一种难度很高的创业类型,有较高的失败率,但成功所得的报酬也很惊人。这种类型的创业如果想要获得成功,必须在创业者能力、创业时机、创业精神发挥、创业策略研究拟定、经营模式设计、创业过程管理等各方面,都有很高的要求。

第四节　对我国创业主体的调查

我国开展创业活动的人群主要集中在 35 岁以下的年轻人中,

而其中年龄在 25～34 岁的年轻人居多;男性比女性更多地参与创业活动;绝大多数创业者有过就业的经历。

有数据表明:现行创业者的学历以高中及以下学历为主(从事农业创业的以初中和高中学历为主)。高中及以下学历的创业者人数远远高于受过更高教育的创业者人数,是大学学历创业者人数的 23 倍多。相对而言,研究生学历的创业人数要高于大学学历的人数,但仍远远低于高中及以下学历的人数,分别是大学学历创业者的 3 倍和高中及以下学历创业人数的 1/8。

因此我们可以看出,创业及创业能否成功,与教育程度以及学历高低没有直接关系,也没有必然联系,其区别更多的应该是有没有创业的意识、创业的胆识、创业的欲望、创业的激情和创业的冲动等。当然,这样的理解也仅仅是一个方面。从另一个角度来看,受教育程度高者通常掌握较高的专业技术技能,选择的创业项目技术含量高,导致创业人数偏少。低学历者与高学历者在人群基数比例上也存在着多寡的差异,这也是高中及以下学历创业人数较多的原因之一。同时,不同学历层次的人群所面临的就业机会、生存压力、社会认同也有差异,也是影响不同群体的人是否能够产生创业冲动和创业欲望的原因。

第二章 农民创业的优势

所谓"三农"问题,是指农业、农村、农民这三大问题。中国是一个农业大国,农村人口接近 9 亿人,占全国人口 70%;农业人口达 7 亿人,占产业总人口的 50.1%。"三农"问题的解决必须考虑农业自身的体系化发展,还必须考虑三大产业之间的协调发展。"三农"问题的解决关系重大,不仅是农民兄弟的期盼,也是目前党和政府关注的大事。

2004—2008 年,中央连续 5 个"一号文件"都锁定在"三农"问题上。按照"坚持以人为本,加强农业基础,增加农民收入,保护农民利益,促进农村和谐"的目标和取向,利用好农业政策平台是农业创业者必走的"捷径"。其特点是操作性强,导向明确,重点突出,受益面大。在这个情况下,农业创业者则面临着前所未有的政策机遇,这些优惠的农业政策为农业创业者进行创业,提供了良好的创业机会。

第一节 农业创业的政策机会

一、现行农业补贴政策

20 世纪 90 年代,按照建立社会主义市场经济体制的要求,深化农产品流通体制改革、调整农村产业结构,农村政策改革进一步深化。进入 21 世纪,特别是党的"十六大"以来,全面改革农村税费制度,实行"四减免、四补贴",深化粮棉流通体制改革,改善农村劳动力就业环境,推进现代农业和新农村建设,农村改革进入了城乡统筹发展的新阶段。

(一)粮食直补政策

为提高农民种粮积极性,稳定粮食生产,2004年以来国家对种粮农民实施了粮食直补,主要是将以前的补贴流通环节政策改为直补农民。2006年,为解决化肥、农药、柴油等农资涨价对种粮农民的影响,国家又出台了农资综合直补政策。2008年,国务院进一步加大了对种粮农民的农资综合直补力度。目前,粮食直补每种植小麦1公顷为150元,每种植早稻1公顷为150元(中稻和晚稻为225元)。各地方可以根据基础数据上调。对代耕代种种植的农户,地方政府按面积再实行奖励。

(二)农作物良种推广补贴政策

农作物良种推广补贴资金是中央财政为加快我国农作物良种推广,促进农作物良种区域化种植,提高农产品品质而设立的专项资金。中央财政对高油大豆、优质专用小麦、专用玉米和水稻种植按不同标准给予补贴。中央财政对高油大豆、专用玉米示范区和水稻种植给予补贴。中央财政每公顷补贴150元;计税耕地种植的水稻,中央财政给予每公顷150元补贴。农作物良种补贴资金运行管理实行省级列支、专户直拨。与此同时,财政部会同农业部等部门对小麦良种补贴政策和方式进行认真研究,要求在扩大补贴范围的同时,加大小麦良种补贴工作的示范带动效果。

(三)大型农机具购置补贴政策

农机购置补贴是国家强化农业机械化装备,提高劳动生产率水平的一项支农惠农政策。按农业部的《农业机械购置补贴专项资金使用管理暂行办法》(财农〔2005〕11号)的规定,农民、农场职工、农机服务组织、农村合作组织、农业园区业主(以下统称"购机者")购置补贴机具目录中的农业机械,从事农业生产,都可享受专项资金补贴。目录所列耕整机,以市场经销价为计算基数补贴30%;拖拉机,以市场经销价加选配件(实选数)价格为计算基数补贴20%;植保机械,以市场经销价为计算基数补贴10%;割晒机,以市场经销价为计算基数补贴40%;其他类机械,以市场经销价为计算基数补贴20%。地方财政根据情况预拨补贴资金到各区县财政部门,各区县可结合当地实际在"全额购机,购后补贴"和"差价购机,当场兑现"两种方式中任选一种。但无论哪种方式都必须保证购机者能够及时、足额地享受到补贴。

(四)农资综合直补政策

农资综合直补政策是指在现行粮食直补制度基础上,对种粮农民因柴油、化肥、农药等农业生产资料增支而实行的综合性直接补贴政策。补贴资金全部由中央财政负担,一次性拨付给地方并重点向粮食主产区和产粮大县倾斜,年内不再随后期农业生产资料实际价格变动而调整。

(五)能繁母猪补贴政策

针对当前生猪和猪肉市场价格持续上涨的形势,为保护生猪生产能力,经国务院批准,从 2007 年起国家财政实施能繁母猪补贴政策。每头母猪可获 50 元补贴。养殖户每养殖一头能繁母猪,就可得政府补助 50 元,其中,中央财政负责 30 元,省级财政和市县财政负责 20 元。

二、现行农业保险政策

农业保险是一个国家或地区增强农业防范、抵御风险能力,提高可持续发展水平,增强涉农企业和产品国际竞争力的有效手段。无论从现实角度,还是从战略角度考虑,完善的农业保险制度对促进我国经济的协调健康发展和确保国家粮食安全都具有极其重要的意义。

政策性农业保险是由政府主办,并由政府设立相关机构或专业农业保险机构从事农业保险的经营运作。以支农、惠农和保障"三农"为目的的一种农业保险。保险对象为5大种植品种,即棉花、玉米、水稻、大豆、小麦;保险责任包括暴雨、洪水、内涝、风灾、雹灾、旱灾和冰冻;所遵循的原则是低保障、广覆盖;保险金额由中央财政、省级财政、农户共同按一定比例承担,或者由农户和龙头企业,省、市、县级财政部门共同承担,具体比例由试点省份自主决定。保额原则上为农作物生长期内所发生的直接物化成本,包括种子成本、化肥成本、农药成本、灌溉成本、机耕成本和地膜成本。

(一)政策性农业保险险种的主要内容

政策性农业保险险种主要包括:

(1)农作物保险。发生较为频繁和易造成较大损失的灾害风险,如水灾、风灾、雹灾、旱灾、冻灾、雨灾等自然灾害以及流行性、暴发型病虫害和动植物疫情等。对于水稻、小麦、油菜等主要参保品种,各级财政保费补贴60%,农户缴纳40%。

(2)能繁育母猪保险。政府为了解决饲养户的后顾之忧,提高饲养户的养猪积极性,平抑目前市场的猪肉价格,进一步降低养殖能繁母猪的风险,政府对能繁母猪实行政策性保险制度,出台了"母猪保险"。能繁母猪保险责任为重大病害、自然灾害和意外事故所引致的能繁母猪直接死亡。因人为管理不善、故意和过失行为以及违反防疫规定或发病后不及时治疗所造成的能繁母猪死亡,不享受保额赔付。能繁母猪保险保费由财政补贴80%,饲养者承担20%,即每头能繁母猪保额(赔偿金额)1 000元,保费60元,其中各级财政补贴48元,饲养者承担12元。

(二)参加政策性农业保险的好处

(1)有利于减少灾害带来的损失,减少收入的波动。由于政策性农业保险提供灾害损失补偿,农民可以尽快地恢复灾后农业生产和生活,减轻灾害所带来的损失。

(2)有利于灾害的预防和有效救助。政策性农业保险实行"防赔结合",通过保前检查、制定并落实防灾预案等一系列措施来减少灾害的发生。当灾害发生后,又通过一系列的措施来减少灾害所带来的损失。

(3)有利于保障农业投资安全。有了政策性农业保险作为风险保障,农民朋友可以放心地增加农业投入,扩大农业再生产,从而有利于增加农民收入。

(4)政策性农业保险可以帮助农民容易获得贷款。有了政策性农业保险的保障,银行更放心地贷款给农民朋友进行农业投资。

(5)政策性农业保险可帮助农民积极地试验新品种,有效地化解新品种试验过程中的风险,促进农村产业结构的调整。

三、农业专项资金扶持政策

国家下拨用于农业的各项专项资金对于促进农村发展、加强农业基础设施建设、提高科技含量、增加农民收入、改善农村生产、生活条件,提高农民生活水平起到了很大作用。补助的专项资金视项目承担的主体情况,分别采取直接补贴、定额补助、贷款贴息以及奖励等多种扶持方式。

(一)农业专项资金补助的类型

(1)农业产业化龙头企业发展专项资金。重点补助农业产业化龙头企业及产业化扶贫龙头企业,对于扩大基地规模、实施技术改造、提高加工能力和水平给予适当奖励。

外向型农业专项资金,重点补助新建、扩建出口农产品基地建设及出口农产品品牌培育。

(2)农业三项工程资金。包括农产品流通、农产品品牌和农业产业化工程的扶持资金,重点是基因库建设。

(3)农产品质量建设资金。重点补助新认定的无公害农产品产地、全程质量控制项目及无公害农产品、绿色、有机食品获证奖励。

（4）农民专业合作组织发展资金。重点补助"四有"农民专业合作经济组织，即依据有关规定注册，具有符合"民办、民管、民享"原则的农民合作组织章程；有比较规范的财务管理制度，符合民主管理决策等规范要求；有比较健全的服务网络，能有效地为合作组织成员提供农业专业服务；合作组织成员原则上不少于 100 户，同时具有一定产业基础。鼓励他们扩大生产规模、提高农产品初加工能力等。

（5）海洋渔业开发资金。重点补助特色高效海洋渔业开发。

（6）丘陵山区农业开发资金。重点补助丘陵地区农业结构调整和基础设施建设。

（二）农业专项资金补助的对象、政策及标准

按照"谁投资、谁建设、谁服务，财政资金就补助谁"的原则，农业项目资金的补助对象主要为：种养业大户、农业产业化重点龙头企业、农产品加工流通企业、农产品出口企业、农民专业合作经济组织和农产品行业协会等市场主体，以及农业科研、教学和推广单位。

四、税收优惠政策

对于独立的农村生产经营组织，可以享受国家现有的支持农业发展的税收优惠政策。《中华人民共和国农民专业合作社法》第五十二条规定，农民专业合作社享受国家规定的对农业生产、加工、流通、服务和其他涉农经济活动相应的税收优惠。支持农民专业合作社发展的其他税收优惠政策，由国务院规定。

2008 年 3 月 5 日，温家宝总理在第十一次全国人民代表大会上指出："全部取消了农业税、牧业税和特产税，每年减轻农民负担1 335亿元。同时，建立农业补贴制度，对农民实行粮食直补、良种补贴、农机具购置补贴和农业生产资料综合补贴，对产粮大县和财政困难县乡实行奖励补助。""这些措施，极大地调动了农民积极

性,有力地推动了社会主义新农村建设,农村发生了历史性变化,亿万农民由衷地感到高兴。农业的发展,为整个经济社会的稳定和发展发挥重要作用。"

五、其他优惠政策

为进一步推动农业产业化的发展,促进农业生产要素"回流",切实保障以上农业政策更好地贯彻实施,农业部联合工商、金融、交通等管理部门出台了一系列配套措施和鼓励政策。

(1)财政贴息政策。财政贴息是政府提供的一种较为隐蔽的补贴形式,即政府代企业支付部分或全部贷款利息,其实质是向企业成本价格提供补贴。财政贴息是政府为支持特定领域或区域发展,根据国家宏观经济形势和政策目标,对承贷企业的银行贷款利息给予的补贴。政府将加快农村信用担保体系建设,以财政贴息政策等相关方式,解决种养业"贷款难"问题。为鼓励项目建设,政府在财政资金安排方面给予倾斜和大力扶持。农业财政贴息主要有两种方式:一是财政将贴息资金直接拨付给受益农业企业;二是财政将贴息资金拨付给贷款银行,由贷款银行以政策性优惠利率向农业企业提供贷款。为实施农业产业化提升行动,对于成长性好、带动力强的龙头企业给予财政贴息,支持龙头企业跨区域经营,促进优势产业集群发展。中央和地方财政增加农业产业化专项资金,支持龙头企业开展技术研发、节能减排和基地建设等。同时探索采取建立担保基金、担保公司等方式,解决龙头企业融资难问题。此外,为配合各种补贴政策的实施,各个省和市同时出台了较多的惠农政策。

(2)土地流转资金扶持政策。为加快构建强化农业基础的长效机制,引导农业生产要素资源合理配置,推动国民收入分配切实向"三农"倾斜,鼓励和引导农村土地承包经营权集中连片流转,促进土地适度规模经营,增加农民收入,中央财政设立安排专项资金扶持农村土地流转,用于扶持具有一定规模的、合法有序的农村土地流转,以探索土地流转的有效机制,积极发展农业适度规模经营。例如,江苏省 2008 年安排专项资金 2 000万元,对具有稳定的土地流转关系,流转期限在 3 年以上、单宗土地流转面积在 66.67公顷以上(土地股份合作社入股面积 20 公顷以上)的新增土地流转项目,江苏省财政按每公顷 1 500元的标准对土地流出方(农户)给予一次性奖励。

(3)小额贷款政策。为促进农业发展,帮助农民致富,金融部门把扶持"高产、优质、高效"农业、帮助农民增收项目作为重点,加大小额贷款支农力度。明确要求基层信用社必须把 65%的新增贷款用于支持农业生产,支持面不低于农村总户数的 25%,还对涉及小额信贷的致富项目,在原有贷款利率的基础上,下浮 30%的贷款利率。

(4)绿色食品保障制度。为推行农业标准化生产,深入实施无公害农产品行动计划,各地质检部门建立农产品质量安全风险评估机制,健全农产品标识和可追溯制度。强化农业投入品监管,启动实施"放心农资下乡进村"示范工程。工商部门积极配合发展"绿色食品"和"有机食品"工程,积极培育和保护名牌农产品,加强农产品地理标志保护和监管力度。各级工商行政管理机关开展了"2008 红盾护农"行动,突出重点季节,结合春耕、夏播和秋种等重要农时,扎实组织开展"红盾护农保春耕、保夏播、保秋种"三次专项执法行动。严厉打击制售假冒伪劣农资坑农害农行为,努力营造公平竞争、规范有序的市场环境。继续强化"菜篮子"市长负责制,确保"菜篮子"产品生产稳定发展。

第二节　现代农业发展带来创业机遇

现代农业是人类社会发展过程中继传统农业之后的一个农业发展新阶段。其内涵是以统筹城乡社会发展为基本前提,以"以工哺农"的制度变革为保障,以市场驱动为基本动力,用现代工业装备农业、现代科技改造农业、现代管理方法管理农业、健全的社会化服务体系服务农业,实现农业技术的全面升级、农业结构的现代转型和农业制度的现代变迁,使农业成为现代产业部门的一个重要组成部分和支撑农村社会繁荣稳定的产业基础。

一、现代农业的基本特征

与传统农业相对应,现代农业发展的基本特征主要表现为:

(1)彻底改变传统经验农业技术长期停滞不变的局面。农业生产经营中广泛采用以现代科学技术为基础的工具和方法,并随现代科学技术的发展不断改造升级,同时农业技术的发展也促使农业管理体制、经营机制、生产方式、营销方式等不断创新,因而现代农业是以现代科技为支撑的创新农业。

(2)突破传统农业生产领域。农业历来仅局限于以传统种植业、畜牧业等初级农产品生产为主的狭小领域。随着现代科技在诸多领域的突破,现代农业的发展将由动植物向微生物、农田向草地森林、陆地向海洋、初级农产品生产向食品、生物化工、医药、能源等方向不断拓展,生产链条不断延伸,并与现代工业融为一体,因而现代农业是由现代科技引领的宽领域农业。

(3)突破传统农业生产过程完全依赖自然条件约束。通过充分运用现代科技及现代工业提供的技术手段和设备,使农业生产基本条件得以较大改善,抵御自然灾害能力不断增强,因而现代农业是用现代科技和工业设备武装、具有较强抵御灾害能力的设施农业、可控农业。

(4)突破传统自给自足的农业生产方式及农业投入要素仅来源于农业内部的封闭状况。现代农业普遍采用产业化经营的方式,投入要素以现代工业产品为主,工农业产品市场依赖紧密,农产品市场广阔,交易方式先进,农业内部分工细密,产前、产中及产后一体化协作,投入产出效率高,因而现代农业是以现代发达的市场为基础的开放农业、专业化农业和一体化农业、高效益农业。

（5）改变传统粗放型农业增长方式。农业发展中能够有效实现稀缺资源的节约与高效利用，同时更加注重生态环境的治理与保护，使经济增长与环境质量改善协调发展，因而现代农业是根据资源禀赋条件选择适宜技术的集约化农业、生态农业和可持续农业。

二、现代农业的发展趋势

我国是个农业大国。根据世界农业的走势和我国农业发展现状，专家认为未来我国农业生产将呈现五大趋势。

（1）从"平面式"向"立体式"发展。利用各种农作物在生长过程中的"时间差"和"空间差"进行各种综合技术的组装配套，充分利用土地、光照和作物、动物资源，形成多功能、多层次、多途径的高产高效优质生产模式。

（2）从纯农业向综合企业发展。以集约化、工厂化生产为基础，以建设人与自然相协调的生态环境为长久的目标，集农业种植、养殖，环境绿化，商业贸易，观光旅游为一体的综合企业，引发了"都市农业"的兴起。

（3）从单纯生产向种植、养殖、加工、销售、科研一体化发展。变单纯的生产企业为繁殖、养殖、生产、贮藏、加工、销售一条龙产业化企业。甚至许多企业都有自己的研究机构，研究项目，兴起了一批产业化的龙头企业。

（4）从机械化向电脑自控化、数字化方向发展。农业机械化的发展，在减轻体力劳动，提高生产效率方面起到了重大作用。电子计算机的应用使农业机械装备及其监控系统迅速趋向自动化和智能化。计算机智能化管理系统在农业上的应用，将使农业生产过程更科学、更精确。带有电脑、全球定位系统（GPS），地理信息系统（GIS）及各种检测仪器和计量仪器的农业机械的使用，将指导人们根据各种变异情况实时实地采取相应的农事操作，这些赋予农业数字化的含义。

(5)从土地向工厂、海洋、沙漠、太空发展。生物技术,新材料、新能源技术、信息技术使农业脱离土地正在成为现实,实现了工厂化,出现了白色农业,蓝色农业,甚至在未来出现太空农业。

三、现代农业发展带来新机遇

要加快现代农业建设,用先进的物质条件装备农业,用先进的科学技术改造农业,用先进的组织形式经营农业,用先进的管理理念指导农业,提高农业综合生产能力。以上几点要求是建设现代农业的主要内容。今天,农业创业者是幸运者,碰到了前所未有的历史机遇,而这些机遇主要来自于我国农业本身的发展。这些机遇主要包括:

(一)新型城乡关系推动农业创业者有所作为

新型的城乡关系是相对于以前城乡分割、工农对立的"二元结构"城乡关系而言,指的是按照统筹城乡发展的思路,"以城带乡、以工促农、城乡互动、协调发展"的相互融合城乡关系。通过城乡生产力合理布局、城乡就业的扩大、城乡基础设施建设、城乡社会事业发展和社会管理的加强、城乡社会保障体系的完善,达到固本强基的目的。加快农村工业化、城镇化和农业产业化进程,加快中心镇建设,加大农村劳动力转移力度,努力增加农民收入,促进农业农村经济稳定发展,使农业步入一个自我积累、良性循环的发展道路。目前,我国已经步入了工业反哺农业的发展阶段,工业化的经营理念导入农业领域,农业创业者必然会有所作为。

(二)现代化的农业生产条件促使农业创业者大有可为

现代化的农业生产条件主要是农业技术装备和现代农业科技,包括:

(1)现代化手段和装备带来了巨大的效益。农业机械化给农业注入了极大的活力,大大地节约了劳动力,促进了城市化进程,也促进了第二、第三产业的发展。如联合收割机、播种机、插秧机、

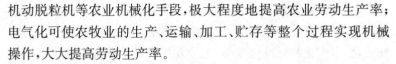

机动脱粒机等农业机械化手段,极大程度地提高农业劳动生产率;电气化可使农牧业的生产、运输、加工、贮存等整个过程实现机械操作,大大提高劳动生产率。

(2)农业科学技术的进步,提高了农业集约化程度。例如,良种化对农业增产有显著效果;农业化学化不仅增加土壤养分、除草灭虫、提供新型农业生产资料(如塑料薄膜等),还为免耕法的实施创造条件;"四大工程"(种子工程、测土配方施肥工程、农产品质量安全工程、公共植保工程)的实施,推动农业可持续发展,逐步实现农业现代化,稳步提高了农业综合生产能力。

(3)农业生产管理过程数字化。计算机在农业中的应用,使农业由"粗放型"向"数字型"过渡。如各种分辨率的遥感、遥测技术、全球定位系统、计算机网络技术、地理信息技术等技术结合高新技术系统等,应用于农、林、牧、养、加、产、供销等全部领域,在很多地方出现了"懒汉种田"、"机器管理"的新局面。

(4)新的农业生物工程技术的发展,使农业由"化学化"向"生物化"发展,减少化学物质、农药、激素的使用,转变为依赖生物技术、依赖生物自身的性能进行调节,使农业生产处于良性生物循环的过程,使人与自然在遵循自然规律的前提下协调发展。这些无疑将会引起今后农业的革命性变化,农业创业者将会大有可为。

(5)农业经营主体组织化、产销一体化激发农业创业者敢于作为。围绕农业的规模化、专业化、产业化发展的需要,各个地方紧抓龙头企业和农村经济合作组织,提升农业产业化水平。在经营的主体方面涌现出大批带动能力强、辐射面广、连接农民密切的农民协会或合作经济组织,这些组织的表现形式主要为:生产基地带动型、龙头企业带动型、专业大户带动型的农业企业和家庭农场迅速崛起,把千家万户的农民组织起来,提高了经营主体的地位,在流通过程中体现为"公司+基地+农户"、"公司+农户",把农产品的生产、加工、销售过程连接在一起,按照"风险共担,利益均沾"的原则,让农业经营者能够在农产品从生产到销售的各个环节分享到利润,这样农业创业者就必然敢于作为。所以加快农业产业化进程,以做大农业产业化龙头企业为重点,不断提高农业市场化、规模化、组织化和标准化水平,充分发挥农民专业合作经济组织职能,引导农业农村经济健康有序发展成为农业创业者的重要活动内容。

第三章 创业要素及创业者素质

第一节 创业要素

创业是创建企业的一个过程,那么,企业所需具备的要素也就成为创业的要素。管理学认为,企业可以看做是一个由人的体系、物的体系、社会体系和组织体系组成的协作体系,因此人的因素、物的因素、社会因素和组织因素就构成创业的要素。

一、人的要素

人是创业活动的主体,创业离不开人,而人的要素又包括以下内容。

(一)创业者

创业者可以是一个人,也可以是一个团队。创业对于创业者来说,就是一种行为。我们知道,人的行为背后存在动机,而动机又是由需要引起的。有的研究人员将创业产生的动因归纳为:争取生存的需要;谋求发展的需要;获得独立的需要;赢得尊重的需要;实现自我价值的需要。这种归纳方法同样适用于对创业动机的解释。当然,这种对创业产生的动因的归纳方法是否受了需要层次理论的影响,我们不知道;但创业者的动机的确直接影响创业过程,而且创业者的价值观和信念会左右创业内容,影响企业的生存和发展。

(二)企业内部的人际关系

人在社会中不是孤立的个体,而是生活在与他人的关系中,需要与他人互相支撑、互相协作。创业过程中人的因素除了创业者外,还包括企业内部的人际关系。只有处理好这种关系,才能真正发挥团队的作用,形成一个合力,使有限的人力资源发挥更大的作用。

(三)企业外部的人际关系

人的要素还包括企业外部的人际关系。企业不是一个封闭的体系,而是一个开放的系统,它与外部的供应商、客户、当地政府和社区发生相互联系。所以,创业过程中人的因素还包括企业外部的人际关系。

二、物的要素

物的要素也是创业过程中不可缺少的条件。例如,一个生产性的企业需要原料、设备、工具、厂房以及运输工具等,然后生产出产品。创业过程中物的要素主要包括以下几项:

(一)资金

世界各国为了鼓励创业活动的开展,纷纷降低了对新创企业注册资金方面的要求和限制;中国也在 1999 年将个人独资企业的注册资金降低到 1 元,可以说只是一个象征性的标准。但是,创业所需的资金远不止这些,技术(或专利)、生产设备、原材料的购买以及人员的雇佣等都需要大量的资金。

(二)技术

提高新创企业中技术含量已经成为一种趋势。从硅谷到中关村,新创企业推出的产品中,高技术产品所占的比例越来越高。2003 年,为了防治非典型性肺炎,市场上急需能够快速测试体温的仪器。中关村的一家创业不久的企业,及时捕捉到这一信息,并依

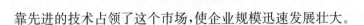

靠先进的技术占领了这个市场,使企业规模迅速发展壮大。

(三)原材料和产品

对于生产型企业而言,创业过程需要原材料和产品,这是一项不言自明的事情。对于从事其他事业的企业来说,同样存在一个由投入到产出的过程。

(四)生产手段

作为介于投入和产出之间的是一个"处理器",对于企业而言,这种处理器就是生产手段,包括设备、工艺以及相关的人员。

三、社会要素

社会要素也是创业协作体系的一个重要组成部分。创业中的社会要素包括以下两个方面的含义。

(一)社会对创业活动的认可

创业活动必须得到社会的认可。改革开放政策实施以来,创业活动得到蓬勃的发展,一个重要的原因在于社会对创业活动的认可。创业是一个高风险、高回报的活动,如果得不到社会的认可,创业活动不可能顺利进行。

(二)所创造的事业符合社会发展的要求

企业的存在在于它能够为社会提供某种产品或服务,事业就成为企业成立和生存的根本。松下幸之助先生曾经说过,企业需要通过事业来完成社会使命,如果事业得不到社会的认可,那么就说明它没有存在价值。这样的企业还不如让它破产的好,即使是他自己创建的松下电器公司也不例外。

四、组织要素

组织要素是创业协作体系的核心,只有通过组织的作用才能创造新的价值。我们说过,人是所有的管理因素中唯一具有能动

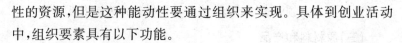

性的资源,但是这种能动性要通过组织来实现。具体到创业活动中,组织要素具有以下功能。

(一)决策功能

决策是创业活动中一项重要职能,既包括对创业目的的规定,也包括对实现手段的决定。从创造价值的角度讲,对创业目的的规定显得尤为重要,因为它决定着创业活动的方向,甚至影响企业的发展。

(二)创建组织

创业通常由一个团队来进行,因此需要对团队进行组织和管理,通过分工与协作,有条理地完成创业的相关活动。创建组织既包括组织结构的构建,又包括沟通体系的形成。

(三)激励员工

创业需要最大限度地发挥现有人力资源的作用,那么对参与创业的人员的激励就成为创业活动的一项重要内容。"人心齐,泰山移",充分调动人的积极性能够产生一种合力,同时会增加创业团队的凝聚力。

(四)领导

创业者在创建企业的过程中,需要扮演多个不同的角色,承担不同的职能,其中,领导的职能无疑是最重要的。"现代管理理论之父"巴纳德(C. I. Barnard)认为,领导的作用在于他能够创造新的价值。只有这样才能维持协作体系的内部均衡和外部均衡。对于创业活动而言,领导的作用是没有任何因素能够取代的。

当然,也可以从不同的角度对创业所需要的条件和要素进行归纳。比如,蒂蒙斯提出了一个创业管理模式,认为成功的创业活动必须在机会、资源与团队三者之间寻求最适当的搭配,并且要随着企业发展而保持动态的平衡。创业流程由机会启动,在取得必要的资源和组成创业团队之后,创业计划方能得以顺利推进。

第二节　创业者精神

创业者精神是创业者的本质。企业家是参与企业的组织和管理的具有创业者精神的人。创业者精神主要包括冒险精神、投机精神、创新精神及实干精神。

(一)冒险精神

企业家是风险承担者。将近 300 年前,法国经济学家罗伯特·坎狄龙(Robert Cantillon)最早提出这一观点。他认为企业家在经济的运行中起重要作用,他们实际上是在管理风险(Risk)。工人向工厂出卖劳动,企业主把产品拿到市场上去卖。市场上的产品价格是浮动的,而工人领取固定的工资。企业主替工人承担了产品价格浮动的风险。当产品价格跌落时,企业主有可能蒙受损失。而企业的盈利,正是企业主承担风险所获的回报。

(二)投机精神

投机是一种商业行为。它因自利的动机而产生,却在客观上有利他的效果,这正是一切市场经济行为的实质。一些学者认为,企业家是低买高卖的投机者,就是把消费品或原材料从一方低价买进、高价卖出给另一方。每一次的买和卖,都是将产品转移到更需要的人手中(因为"更需要"才愿出更高价)。这是一个资源优化配置的过程。市场经济的作用体现于此,企业家的慧眼也表现于此。

(三)创新精神

什么是创新呢? 新产品、新的生产方式、新的市场、新的供货渠道,以及建立或打破垄断地位等都是创新。苹果电脑公司的发起人是企业家,因为他们推出了新产品;亨利·福特是企业家,因为他最早采用汽车生产线;亚马逊网上书店的老板是企业家,因为他开辟了网上销售渠道；比尔·盖茨也是企业家，因为他建立了微软公司这样的软件王国。因此，具有锐意进取、推出新产品或改进生产方式等创新精神的人，才是真正意义上的企业家。

（四）实干精神

企业家需要决断力、信心、说服力及坚定不移的品质。既然企业家行为是冒险性的、充满不确定性，它的最终结果必然是无法准确估算的，需要主观判断。企业家常常做出与众不同的判断，福特预见到50年以后人人开汽车而不再坐马车，乔布斯预见到20年以后人人使用计算机来学习和工作。他们用自己的坚持不懈的努力把世界推向了他们预想的方向。

第三节　创业者应具备的几个基本素质

创业者是市场的先锋，是最有企图心和创业者精神的个体，是在用自己的血汗钱、时间和信念赌自己的明天。没有任何事情能够像"做生意"一样全面考验一个人，使人袒露最本质的特性。"先做人，后做事"是创业者最基本的常识。一个精明的创业者，要直面风险，求得企业生存和发展；要果断决策，把握利益原则；要知人善用，激发和运用人的智慧；要不断创新，敏锐感受周围环境；要广泛接触，以建立有效关系。这些是对创业者个人素质的要求。

一、决断能力

管理成功的关键是明智的决策。做决策绝不是凭空想象，决策是有源之水。管理学中所说的"决策"是广义的，可以理解为作出决定的意思，它不仅指对大问题的决策，也包括对小问题的决定。小企业的决策，不在于决策的形式，关键是如何作出正确的决策。一般来说，小企业的决策方式依赖于创业者的个大决策，这就需要创业者具备一定的决策知识。我国著名的企业家田千里曾有过这样一位老板的故事。有一年他在上海参加一个研讨会，遇到了一位老板，谈起管理心得，自然就扯到了决策问题。这位老板讲："决策这个东西就是萧何，成也萧何，败也萧何。"接着就讲起了自己的经历："最初当老板，觉得自己挺行的，主意多，看得也准，做事好像挺顺的。记得那一年路过北京，看到一家大商场中有一家荷兰人办的专卖店，是专门卖糖果的，样式很多，大概有上百种，味道也不错，而且可以自己选，就是太贵了点，500 克（1 斤）要几十元，比国内的糖果贵十来倍，可是自己还是买了。店里人挤人，生意好得很。"老板接着说："我回到家里，心里想，自己家乡就是种甘蔗的，糖多得是，为什么不自己办一个工厂，照着人家的样子也生产那种糖果？当时也没什么深入研究，就凭着一种冲动与感觉办起了工厂，虽然也遇到一些难题，但总体还挺顺的。"那位老板说到这里，眼神流露出一种喜悦与自豪。"后来就有问题了，开始是合作者之间闹分家，再往后就是资金紧张，而且就是在资金最紧张时，偏偏又做了一个大的错误决策。前年我到荷兰那家糖果公司的总部参观，发现他们不像我们那样委托商场帮我们代销或者合作经营，而都是在闹市区找一间门脸。自己开连锁店，打自己的形象。我也看了几家店，统一标识，统一标准，很整齐，很漂亮。当时我心里就拿定主意，回去也照着人家的办法办。回国后，我还是像第一次一样凭着感觉与冲动，作出了在全国上 100 家连锁店的决定。那一阵子忙得要命，花时间最多的是找门脸房，便宜的地段都不好，地段好的房价又实在太贵。当我刚开到 30 家时就出现大麻烦了，再要开店资金已经枯竭，因为是在外地开店，本地银行没把握，不愿贷款给我们，而已开的店生意虽然不错，但因房租太贵，每月赚的钱差不多都交了房租。我觉得我根本就不是老板，整个是一个给房东打工的。这样挺了一段时间，实在挺不下去，只好散伙。这一次不仅把以前赚的钱赔进去不说，而且欠下了一大笔账。栽了这个大跟头，整天都在想决策这个问题。同样的事，过去成的,现在就不成。如何能保证做好决策,始终是最让我伤脑筋的事。"后来有个研讨会,讨论了西方公司的企业决策。那位老板听得很认真,并说:"我很佩服那些世界上著名的百年老公司,如西门子、可口可乐等,人家为什么能始终立于不败之地?人家怎么做决策,制定企业战略,又怎么避免做那种大伤元气的坏决策,或者有什么办法能尽量弥补坏决策带来的后果?"

从这则故事中可以得到启示,我们的创业者要想从容不迫,要想长治久安,必须突破决策这一关,建立一套完整的科学的决策体系与决策机制。

决策是一种判断,是从若干项方案中做的选择。这种选择通常不是简单的"是"与"非",而是对一个缺乏确定性的环境情景的选择,这是创业者管理工作的重要内容。如果决策合理,执行起来就顺利得多,效率也会提高。创业者在管理工作中多花些精力做好决策是非常必要的。

决策的内涵包括以下几点。

(1)决策总是为解决某一问题而做的决定。

(2)决策是为了达到确定的目标,如果没有目标,也就无法决策。

(3)决策是为了正确行动,不进行实践,就用不着决策。

(4)决策是从多种方案中做的选择,没有比较,没有选择,也就没有决策。

(5)决策是面向未来的,要做正确的决策,就要进行科学的预测。

二、用人之道

企业的存在,最重要的是人。人是企业最基本的元素,一个精明的创业者并不一定是一个样样精通的天才,但他肯定是一个用人的高手。创业者通过激发和运用人的智慧,通过良好的沟通技巧,知人善用,使人尽其才,扬长避短。

影响企业经营的因素很多,但最主要的在于员工的素质与工作态度;而要提高员工素质首先需要认识人,从人的角度去认识人。企业的员工是什么样的? 他们想什么? 他们需要什么? 怎样使员工能为企业贡献一切? 是什么原因让员工离开企业的? 这些问题应该是创业者常要考虑的重要问题,可以从以下几方面去认识。

(1)创造性。人是有头脑的,他们有思想,有自己的个性,有创造性。

(2)社会性。每个人生活在社会中,成长在社会环境之中,受到社会的系统教育,接受社会文化的影响。他们的个性中包含着社会文化的基本属性,他们摆脱不了社会与文化的影响。

(3)尊重性。人是群居的,他们需要交流,需要理解,更需要尊重。在许多情况下人与人之间的关系远比自身重要,这就是为什么社会地位、社会认同受到人们重视的重要原因。

(4)发展性。人类是不断发展的,创造性与追求美好未来是人类进步的源泉。希望发展自己、发挥自己、发扬自己是人生活的重要目标。

(5)竞争性。人是有竞争的,除了适者生存的规律外,社会发展规律及价值规律进一步强化了人们的竞争意识。

(6)情感性。人是有感情的。在人类生活中感情始终占据重要地位。创业者要注重人与人之间的友谊、帮助和关怀。

企业最重要的资源就是人,或者说是员工。一切价值,归根结底都是人创造的,没有人的劳动,将不会产生任何东西——无论是产品,还是利润。成功的企业家如比尔·盖茨、李嘉诚、张朝阳等,他们在没有大的传统资本的情况下,靠自己的智慧拥有了巨额财产,这足以证明"人是最重要的资源"。

三、善于应变

日新月异、变化迅速是人类社会发展的显著特征。作为小型企业的经营者,应该站在社会改革的前列,应该对社会变革有敏锐的观察力,对社会变革有强烈的认识和需求。如何认识变化和应对变化,已成为成功创业者的一门必修课,否则就不能适应变化的要求,最终结果只能是被社会淘汰。变革意味着风险,意味着对自己过去的否定,意味着摆脱传统的方式。在社会环境发生变化的时期,人们往往缺乏足够的知识与经验来保证适应变化,但对于创业者而言,要想保证企业生存只能以应变来适应社会。要想在未来的风浪中生存发展,创业者只能面对变化,勇于开拓。企业如逆水行舟,不进则退! 创业者必须寻求和掌握一定的应变方法来适应社会。

创业者的应变力,是指创业者在市场竞争中的应变能力、适应能力。在激烈的市场竞争中,创业者应变能力、适应能力越强,企业的竞争力必然越强;反之,创业者应变能力、适应能力越弱,企业竞争力必然越弱,企业的生存与发展就面临重大威胁。因此,创业者的应变力是企业生存与发展的基本生命力。

创业者的应变力表现在以下几个方面。

(1)产品的应变力。随着市场需求的不断变化,调整自身产品的品种、规格、花色和质量等的能力。

(2)市场营销的应变力。随着市场需求的变化而不断地调整自己的营销策略和方式。

(3)管理的应变力。随着市场的变化调整经营管理制度、经营方向、用工用人制度等的能力。

创业者应变能力的大小决定了企业应变力的强弱。正因为有创业者的胆识,企业才能面对复杂多变的市场,不断推陈出新;正因为有创业者的智慧,企业才能面对复杂多变的市场,不断调整自己的营销方式和策略,不断开辟新的市场;正因为有创业者的谋略,企业才能面对复杂多变的市场,不断调整自身生产要素的组合、生产经营管理制度、生产经营方向等。由此可见,创业者的应变力是企业在竞争中取得主动和优势的源泉,是企业具有强大的竞争力和生命力的动力。

四、敢于创新

著名经济学家凯恩斯有一句名言:"市场是一只看不见的手",在市场这只巨手的指挥下,循规蹈矩的经营者紧跟着对市场的感觉走,高明的经营者让顾客跟着自己的指挥走,套句时髦的话说,叫作"引导消费"。他们才是市场的弄潮儿,是享受成功的快乐的人。这是一个飞速变化的时代,"这里将只有两种管理人员——应时而动的和已经死亡的"。现在的市场是一个工厂越来越多,产品越来越多,而消费规模却基本固定的世界,不拿出新的东西来,是难以长期吸引消费者的。就企业的发展来说,常规管理就像在走路,创新管理则是在跳跃。例如,人走得快慢有区别,是在平面行进 10 米还是 20 米的区别,从 10 米走到 20 米,就是管理中所用的改良;从一层跃升到二层,就是管理中所用的创新。跃升的基础在平面,跃升的动力在于不满足老是在平面上。不然,就只有一个结果——不进则退。能够引导消费的创业者,应是创造出新的产品,产品新颖、实用、充满创意,能给生活增添方便,增加乐趣,再加以大量的广告宣传,引得人们纷纷购买,这是高明的经营者。顶尖高手则能够创造一种生活方式,他告诉人们,这是一种新的生活方式,选择了它就选择了时尚,选择了享受。

五、创新应具备的个性特征

提到创业者创新的条件,人们自然会想到需要人力、物力、财力、制度等各种条件。应该说,这些条件在创新中是缺一不可的。

然而,对于创新而言,创业者的个性特征也是至关重要的。在现实生活中,人们面临同样的环境条件,有的人能实现创新,而有的人却熟视无睹或者力不从心,其关键就在于他们的内在条件怎样。一个具有创新精神的创业者应有坚定的信念、优良的品德、坚韧的精神、必胜的信心、巨大的魄力、充沛的精力、渊博的知识、丰富的经验、优异的才能等素质特征。具体表现在以下几方面。

(1)有一个明晰的最初想法。即要明确创新最终所要达到的成果是什么,并且有实现目标的一系列途径和方法。

(2)要争取赢得员工的支持。创新有赖于企业全体员工的理解和支持,在创新的过程中,需要同员工建立起联盟,在这个联盟中每个人都同样坚信这个创新是值得的。

(3)要有承担风险的勇气。创新是一种尝试和体验,在实施创新的过程中,既可以享受成功的喜悦,也要承担一定的风险。

(4)要有个性魅力。创业者在创新的过程中可采用参与型的管理风格,鼓励员工行动起来,激励员工作出积极的努力和贡献。

(5)要有广泛的兴趣。创新来自于创业者对身边事物的强烈的好奇心,能够从平凡中发现奇异,从司空见惯的日常现象中发现不同寻常之处。广泛的兴趣能够使创业者扩大交往范围,接触多方面事物,获得广博的知识,受到有益的启发,从而刺激和促进智力的发展,并使大脑时常处于兴奋状态,进行创造性的思维活动。

(6)要善于取舍。任何一个人的时间和精力都是有限的,无法完成所有想做和应该做的事,因此必须对可以忽略什么作出选择。作为创业者;要有选择重点,把自己的知识、智能、精神和时间都聚合起来,形成一股强大的、具有突破性的创造力量。

(7)要有敏锐的洞察力。创新依赖于创业者的直觉,能够不失时机地从险象丛生的市场经济环境中寻找和发现机会。这种机会或是别人还没有看到,或是别人看到了但还没有利用,或是别人看到了并正在利用但还没有充分利用,或是别人曾经看到并也利用过但由于种种原因又放弃利用的各种机会。

(8)要有坚强的性格。创业者对于自己认准的事情,即使遇到阻挠和非议也应能够一往无前、百折不回,遇事有主见,相信自己所做事情的价值,对现有的事物不盲从,不人云亦云、随声附和。

【案例】

把传统化为时尚

——冯虹发明彩色面条的感悟

你信不信? 一碗小小的手擀面居然能推动当地一场饮食革命。南京街头一家小面馆的女老板,就因为发明了一种色彩艳丽和具有较高营养成分的"彩虹面",不但一举打破了传统饮食格局,让小店生意火爆,也迅速改变了自己的贫困命运。

已经跨过了 40 岁大关的冯虹是南京市下关区人,仅有初中文化。2003 年 11 月,没有工作的她在南京市莫愁湖公园附近相中一个小店,开了一家毫不起眼的小面馆,经营的是纯粹的手擀面,生意一直谈不上红火。

冯虹是个勤于思考的人,闲下来的时候,一直在琢磨如何改进手擀面,让更多的食客都能喜欢它。一次,她为一位客人下面条时,无意间发现锅内的白色清汤里夹杂着几点红色,仔细一瞧,发现是自己下面条时把几片胡萝卜片粘在了面条上。可没想到,面条下熟后这几许红色在水里煞是好看。她忽然由此想到:"烹饪上讲究色、香、味,我能否把手擀面做成彩色的呢?"现在人们都追求纯天然和绿色食品,如果自己能制作出绿色面条,这不正好符合了市场的需求吗?

当天晚上,她就开始琢磨起来:要让面条有颜色当然要有色彩的来源,而且还必须来自天然、无污染和能食用的物品。她首先想到了蔬菜,第二天就骑着自行车来到了菜市场。

真是天助有心人,她一走进菜市场就发现了一个菜摊上有几棵清脆欲滴的紫色包菜。卖菜的大爷告诉她："这是西洋包菜,跟咱们以前吃的包菜不一样,属于纯绿色蔬菜。"冯虹听了介绍,便当即买下了一棵。回到家后,她剥下一片包菜叶子,洗净,然后用手把叶片一点点瓣碎,把它放到了榨汁机的容器里。为了取得最浓的色汁,她没对一点水。3分钟后,叶片开始在容器里一点点融化,最后变成了浓稠的浆。她从过滤器里倒出了紫红色的叶汁,又从面袋里取出一些面粉,糅合进去,做成了面条,并在煤气灶上煮开试验。哗,锅中的面条竟然都变成了紫罗兰色,漂亮极了。彩色面条虽然试制出来,一个难题却也摆在了她面前:筷子一碰到面条,面条就一截截地断掉了,一锅清汤竟变成了紫色面糊涂。捞起一勺放进嘴里,冯虹更失望了,这彩面不但易碎、易断,也远没有正常的手擀面筋道。

这是什么原因呢? 第二天,她拜访了南京市的一位面食专家。经过请教,明白了问题出在面粉上。原来,她用的是一般人家常食用的精制面粉,面质比较细,所以做出来的面食就较软;而粗加工的面粉加工环节少,面粉的各种营养成分损失较少,同时面粉的组织连续性也比较高,用这种面做出来的东西就不易散和断,也就更筋道了。知道了面的特性,冯虹便买了一些粗制面粉做实验,果然再也没有出现散和断的现象。

冯虹终于发明出一种原汁原味、色彩艳丽的绿色手擀面条,可是对外出售时又碰到了新问题。一些顾客品尝了她的绿色面条后,反映说,这种面条虽然看起来很美,但吃起来却不润滑爽口。冯虹再次登门请教那位饮食专家。专家给她提供了一组相关的食品作参考。经过长时间的实践、比较,冯虹最终选定了一种常见的又富含高营养的润滑剂(这个商业秘密,恕不能具体说明)。此后,她又经过反复实践,终于摸索出面团和润滑剂的最佳配比。从此后,她制作出来的彩色手擀面条既润滑又爽口,得到了顾客的喜爱,人们纷纷好奇而来,小店顿时异常火爆。

六、社会交往

企业存在于社会之中,是与外界环境广泛接触的一个经济实体,要面对政府机构、协作单位、金融机构和广大的消费者。随着经济一体化的发展,要求小型企业放开眼界,广泛结识朋友,借助社会力量,采用多种形式宣传企业形象与品牌,建立有效的社会关系,以便左右逢源,上下通达,财源广进。

(一)小型企业的主要社会关系

创业者大多擅长建立良好的人际关系。他们愿意与人打交道,"乐善好施"更增添了他们的个人魅力。要想取得成功,一般意义上的"关系"不足以维系企业的增长。良好的内外关系不仅建立在良好的个人感情基础上,而且建立在共同的利益基础之上,要能为对方着想,"有钱大家赚",与容易合作的人合作。

1. 小型企业在经营过程中的关系

具体地说,小型企业在经营中存在着以下主要关系。

①企业与消费者的关系;②企业与供应商的关系;③企业与竞争者的关系;④企业与自然环境的关系;⑤企业与政府的关系;⑥企业与社区的关系;⑦企业与公众的关系;⑧企业与所有者的关系;⑨企业与经营者的关系;⑩企业与员工的关系;⑪管理者与员工的关系;⑫员工与员工的关系;⑬员工与事、物的关系等。

2. 小型企业的社会责任

小型企业的社会责任的具体内容十分广泛,大致可以概括为以下几个方面。

(1)对消费者。深入调查并千方百计地满足消费者的需求;广告要真实,交货要及时,价格要合理,产品使用要方便、经济、安全、产品包装不应引起环境污染。

（2）对供应者。恪守信誉,严格执行合同。

（3）对竞争者。公平竞争。

（4）对政府、社区。执行国家的法令、法规,照章纳税,保护环境,提供就业机会,支持社区建设。

（5）对所有者。提高投资效益率,提高市场占有率,股票升值。

（6）对员工。提供公平的上岗就业、报酬、调动、晋升机会,安全、卫生的工作条件,丰富的文化、娱乐活动,参与管理、全员管理,教育、培训,利润分享。

（7）解决社会问题。典型的做法有:救济无家可归人员,安置残疾人就业,资助失学儿童重返学校。

（二）赢得政府的支持

小企业的生存依赖于政府。开办企业必须要设法赢得政府的支持。每家企业的情况各不同,有的需要政府部门的保护,有的需要政府部门给其减免税收,有的需要政府给予优惠贷款,还有的要求政府给予某些方面的独占经营权。要求不同,需要政府支持的方面也不同,下面提供一些常见的方法。

1. 扩大影响,赢得政府贷款

美国政府担保拯救克勒斯勒汽车公司已为世人熟知。20 世纪 80 年代以来,美国的第三大汽车制造公司克勒斯勒公司一直经营不善,面临破产的边缘。在日本的廉价汽车占领美国市场的时候,公司好像失去了斗志,既没有能力开发出新的车型,也没有行之有效的销售策略。公司的股票不断下降,工人罢工,面临破产。这时,危难之中就任总裁的李·亚柯卡极力向政府游说和陈述克勒斯勒公司不能破产,如果它破产,就会造成新的失业大军,也会造成地区经济的滑坡,更会影响到社会的稳定。公司申请政府贷款,理直气壮地向政府伸出了手。美国政府组成了一个专家小组对公司的情况进行调查,调查报告显示它需要获得政府支持。随后美国国会立即通过了援助克勒斯勒公司法案,政府出面对公司进行了改组,改组的结果是克勒斯勒公司保住了第三大汽车公司的位置,公司最终度过了危机。

纵观整个世界,不论大小企业,一旦发生信用危机,往往要求政府给予担保,从银行借款。这当然是市场经济不健全的一种特殊现象,但在世界各国,不论是资本主义国家,还是社会主义国家,靠政府的支持渡过难关的比比皆是。

2. 打造声势,引起社会注意

企业在市场经营中,会发现市场的潜在需求,有些是政府还没有注意到的,这就需要通过创业者的努力,采用某些方法形成影响。例如南方有一个大型的房地产公司就有一次成功的经验。当时由于受经济过热的影响,房地产的开发都十分注重高档房产的建造。这家公司敏锐地感觉到未来的房地产只能以大部分人能够消费得起的中低档房为主流,但是政府缺乏明确的支持和优惠政策。为引起政府注意,这家房地产公司自己筹备资金召开了一次"中国房地产开发战略研讨会",特地邀请政府部门领导参加。在研讨会上,各位专家大声呼吁重视城市中低档房产开发,给政府领导印象深刻。不久,一个支持中低档房建设的方案出台了。该公司趁热打铁,立即推出几个中低档房的项目,由于是政府明确支持的项目,所以在项目审批、资金来源等方面都受到各个部门的重视。不久,各地住房改革开始,高档公寓滞销;相反,中低档房的需求却迅速增加,该公司正好赶上这个潮流,业务量大增,一举成为这个城市的房地产明星企业。

3. 利用中介,形成紧密关系

为了获得更多的市场,创业者往往努力拓展新的经营领域,但初到陌生的地方经营业务,想立即与当地政府建立亲密的联系是相当困难的。一般情况下,有经验的企业都会利用中介组织来达到目的。中介组织由当地社会的知名人士组成,和地方政府的关系相当紧密,利用中介组织可以迅速拉近公司与政府的关系。

4.广泛交往,全面宣传自己

办企业的人应该首先向政府宣传自己,使政府能够认识到企业存在的意义,否则即使有各种发展的机会,也抓不住。

(三)赢得顾客满意

创业者要处理的关系是方方面面的,其中,企业与顾客的关系是最直接和最频繁发生的,不把这个最重要的关系处理好,其他的一切都显得无意义。企业和顾客之间到底是怎样的关系呢?作为小型企业的经营者,是真的时时想着顾客的利益,还是时时想着如何将钱从顾客的口袋里掏出来?让我们先听两个真实的故事。

理查·彼得森是一名美国商人。一天早晨他要从斯德哥尔摩一家饭店乘 SAS 航空公司的飞机到哥本哈根开一个重要会议。当他到达机场后,他发现自己的机票忘在了饭店里。"没有机票不能乘机"这是常识,所以彼得森打算取消参加会议,但当他抱着一线希望到 SAS 的检录处问询时,服务小姐的答复让他感到意外的惊喜。"彼得森先生,请您不要着急。"小姐微笑答道,"这是您的登机牌,我可以先给您在电脑中输入一个临时机票。您可以告诉我您饭店的房间号及目的地的地址吗?其他一切您就不用管了。"就在彼得森先生在候机室等候飞机时,这位小姐打电话到饭店,饭店服务员果然在房间内发现了机票,接着 SAS 派出专车取回了机票。当彼得森正准备登机时,那位小姐满脸笑容地出现了,"先生这是您的机票"。当彼得森听到这句话时,惊讶得一句话都说不出来。

在中国人的心目中,北京机场应该是中国的对外窗口,有先进的设备,良好的服务等,可是,若不是亲临其境,真不知是那样的差强人意。那天,会议结束从北京返回广东,到达机场,由于电子屏幕没有航班显示,好大的机场不知到哪里寄行李、换登机牌,就得去问服务人员,问谁都是一样的面无表情,冷若冰霜,扬扬头吐出两个字"那边",到底是哪边,不得而知。后来同机的乘客互相帮忙,总算登机。

(四)赢得企业间的交往

有一天,偶然打开电视,看到《动物世界》节目中正在讲述非洲热带森林中的故事。电视画面上看到一只犀牛张开它巨大的嘴,将原先停在它眼前的一只小鸟关在自己的嘴中,你会怎么想?"哦,可怜的小东西就这么没了。"可继续看下去,你就会发现,犀牛再次张开嘴时,小鸟又飞出来了。这是怎么回事?原来这种鸟叫牙签鸟,它是专门以剔食犀牛嘴中的食物残渣为生的;而犀牛也很乐意这可爱的小鸟为自己维护口腔卫生。这个故事很有些耐人寻味,原来自然界中不仅存在着残酷的竞争,也有和平的共生共处。那么办企业是不是也能像自然界中的犀牛和牙签鸟这样,在残酷的竞争中互助互利,同利共生呢?答案是当然可以。

小天鹅牌洗衣机是很多消费者认同的产品,"全心全意小天鹅"的广告词已深得人心。碧浪洗衣粉是宝洁公司的著名品牌,"真真正正,干干净净"的广告词也广为人知。小天鹅公司和宝洁公司,分别是两家有名的家电公司和日化公司。洗衣机和洗衣粉已形成鱼儿离不开水,花儿离不开秧的关系,电器公司和日化公司之间该以一种怎样的方式相处呢?他们是这样做的:小天鹅公司在商场销售该公司生产的洗衣机时,同时宣传介绍碧浪洗衣粉。顾客在购买小天鹅洗衣机时,会在包装箱内发现一个小塑料袋。塑料袋里装了3件东西,一袋碧浪洗衣粉,一本小册子和一张不干胶广告。那一小袋洗衣粉是宝洁公司提供的赠品,可以看做是小天鹅洗衣机的一种促销手段;同时也宣传了碧浪洗衣粉。此外,一起装在袋中的小册子,其封面上印的图像是小天鹅洗衣机和碧浪洗衣粉在蓝天白云中飞翔,上面有醒目的几个大字:"小天鹅全心全意推荐碧浪"。小册子的内容是介绍碧浪洗衣粉和小天鹅洗衣机的使用方法,而且把介绍碧浪的内容放在前面。与此相对应的是,碧浪洗衣粉也在本产品的包装袋上印上小天鹅洗衣机的宣传图片。像小天鹅在介绍时强调"选择合适的洗衣粉才能洗净衣物和保护洗衣机"一样，碧浪洗衣粉则强调"选择合适的洗衣机才能充分发挥洗衣粉的洗涤效果，并且保护衣物"。结果是："小天鹅、碧浪全心全意带来真正干净。"

"同行是冤家"，也许已成为一种思维定式，在处理与其他企业的关系时，常常弄得人人紧张，但换一个角度，换一种思维方式，事情可能变得容易得多。

第四节　筹措你的创业资金

在本节中将告诉你什么是启动资金，怎样预测和筹措你的农业创业启动资金，并学会分析你的农业创业企业的流动资金正常运转周期。

一、启动资金的构成

(一)启动资金的定义

当你决定实施农业创业项目，就要仔细的预测实施这个项目所需要的启动资金。

启动资金是用来支付场地(土地和建筑)、办公和机械设备、原材料和商品库存、营业执照和许可证、开业前广告和促销、工资、保险以及水电费和电话费等费用的总和。

人们通常把启动资金称为开办企业的"本钱"。

(二)启动资金的分类

启动资金包括固定资产和流动资金两大类。

人们通常把固定资产叫投资，把流动资金叫活动经费。

1. 固定资产

固定资产是指为企业购买的价值较高、使用寿命长的东西。

(1)有的企业用很少的投资就能开办,而有的却需要大量的投资才能启动。最好的做法是把必要的投资降到最低限度,让企业少担些风险。

(2)明智的创业者在企业开办时,因陋就简,或者先租用现有的场地、厂房和机械设备,这种做法,不仅有效地解决了部分启动资金较少的问题,还可降低创业风险。

(3)有的创业者选择在家开业。这种方法被微小型企业普遍采用。在家开业最便宜,但也少不了要做些调整。在确定企业是否成功之前,在家开业是起步的好办法,待企业成功后再租房和买房。这样做的缺点是工作业务和生活难免互相干扰。

(4)大兴土木,购置高档办公用品,一是增加了启动资金,二是造成创业者的心理负担。当然,每个企业开办时总会有一些投资,这个投资一定要控制在合理、够用的范围。

2. 流动资金

流动资金指企业日常运转所需要支出的资金。这类支出,也不是固定不变的,除了必要的日常运转经费支出,其他经费支出也应该从严控制。采用下列方法可以减少流动资金使用。

(1)行当控制原材料和商品库存量。

(2)原材料总量订购,分小批量买进和分期付款。

(3)商品订购优惠收取预付款等方法都可以。

记住!有关启动资金中的固定资产和流动资金有其一定的特殊性。例如,①肉鸡与蛋鸡。②肉牛与奶牛。③肉猪与种猪。④材林与果树。

前者属于流动资金范畴,后者则属于固定资产的领域。

(三)固定资产的组成

固定资产一般分为 3 类:①场地和建筑;②办公设施;③机械设备。

(四)流动资金的组成

①购买并储存原材料。②储存成品。③促销费。④工资。⑤租金。⑥保险。⑦其他日常费用。

二、预测创业所需要的启动资金

(一)启动资金总量预测

项目起步之前,需要知道究竟得花费多少资金来启动。

你可能有一个粗略的估计,但这还不够详细,无法支撑你制作一套可行的创业计划,并推动你的企业真正开始起步。要准确的衡量你需要多少资本,是成功的关键。

(1)如果低估了需求,那么在企业开始盈利之前,可能就已经用光了运营资金。

(2)如果预测成本过高,则可能永远都无法筹集到足够的资金起步。

无论你的启动费用是高是低,你都需要一个确切的数字。你面临的挑战是寻找到具有可信性和可靠性的信息。

启动资金总量预测是一件专业性很强的事情。你可以通过下列途径获取启动资金的信息:①正在运营公司的人。②供应商渠道。③专业协会。④创业指南。⑤特许经营组织。⑥商业咨询顾问。⑦与创业起步相关的文章。

(二)固定资产预测

1. 企业用地和建筑

办企业或开公司,都需要有适合的场地和建筑。现在要进一步看你的企业具体需要什么样的场地和建筑等。

(1)建厂房。如果你的企业对场地和建筑有特殊要求,最好造自己的房子,但这需要大量的资金和时间。

(2)买房。如果你能在优越的地点找到合适的建筑,则买现成建筑既简便又能快捷。但现成的房子往往需要经过改造才能适合企业的需要,而且需要花大量的资金。

(3)租房。租房比造房和买房所需启动资金要少,这样做也更灵活。如果是租房,当你需要改变企业地点时,就会容易得多。不过租房不像自己有房那么安稳,而且你也得花些钱进行装修才能适用。

2.设备

设备是指你的企业需要的所有机器、工具、工作设施、车辆、办公家具等。

对于制造商和一些业务行业,最大的需要往往是设备。一些企业需要在设备上大量投资,因此,了解清楚需要什么设备,以及选择正确的设备类型非常重要。

即便是只需少量设备的企业,也要慎重考虑你确实需要哪些设备,并写入创业计划。

根据中国的税法,以下折旧率适用于大多数小企业。固定资产类型每年折旧率。

(1)工具和设备 20%。

(2)机动车辆 10%。

(3)办公家具 20%。

(4)店铺 5%。

(5)工厂建筑 2%。

(三)流动资金预测

你的企业要运转一段时间才能有销售收入。例如:

(1)农业生产企业在销售之前必须先把农产品生产出来。

(2)农业现代服务业在开始提供服务之前要买设备、材料和用品。

(3)农产品零售商和批发商在卖货之前必须先买货。

(4)所有企业在揽来顾客之前必须先花时间和费用进行促销

与宣传。

农业企业的流动资金支付时间的长短要根据农产品的生产周期而定。例如：

(1)种植蔬菜、粮食、油菜、棉花的农业企业，其作物的生长周期。

(2)种植花卉林果的农业企业，其植物的生长周期。

(3)饲养蛋鸡、生猪、奶牛和水产养殖的农业企业其产品的周期。

(4)鲜活农产品经销企业，为了保持产品鲜活，要求当天进，当天出，周期最短。

你必须预测，在获得销售收入之前，你的企业能够支撑多久。一般而言，刚开始的时候销售并不顺利，因此，你的流动资金要有计划留有余地。

(1)原材料和成品储存。①制造商生产产品需要原材料。②服务行业的经营者也需要些材料。③零售商和批发商需要储存商品来出售。你预计的库存越多，你需要用于采购的流动资金就越大。既然购买存货需要资金，你就应该将库存降到最低限度。④如果你的企业允许赊账，资金回收的时间就更长，你需要动用流动资金再次充实库存。

(2)促销费用。新企业开张，需要促销自己的商品或服务，而促销活动需要流动资金。

(3)工资。如果你雇用员工，在起步阶段你就得给他们付工资。同时还要以工资方式支付自己家庭的生活费用。计算流动资金时，要计算用于发工资的钱。

(4)租金。企业一开始运转就要支付企业用地用房的租金。需要流动资金。

(5)保险。企业一开始运转，就必须投保并付所有的保险费，这也需要流动资金。

(6)其他费用。在企业起步阶段,还要支付一些其他费用,例如电费、文具用品费、交通费等。

(四)不可预见资金预测

开办农业企业,你的启动资金预测得再准,难免也会有疏漏,况且有一些事情是突发性的,有些事情是不可预见的。

如果你在预测启动资金总量时留有余地,就能及时有效的应对,不至于束手无策。

三、启动资金的筹措

任何创业都要成本,即使是最少的启动资金,也要包含一些最基本的开支。启动资金是一笔不小的数目。如何筹措到这笔资金,关系到你能否启动创业项目。多数创业者难以以一己之力一口气拿得出来,这就需要如下几个方面来筹措。

(一)自有资金

1. 个人存款

是你实现创业理想的物质基础,也是你启动资金的重要部分。

如果你有了创业的念头,除了思考投资项目外,同时要考虑资金的储蓄量,平时点滴积成的储蓄到了一定的量,就可以用于投资到想要搞的项目中去。

2. 寻找投资合伙人

你在创办一家企业时必须要有一套详细的实施计划和可行性论证,如果确信项目有前途,有竞争力,但又缺少长期经营资金,那你可以寻找投资合伙人。

首先你要让合伙人充分了解对创建公司的构想,经营目标,市场形势。最好拟一份上述内容的详细说明,使合伙人能详尽了解情况,以增强投资信心。

如果有人入伙了,那么合伙人投入的资金和你自己投入的资金都可以算作是自有资金了。

(二)现有固定资产

就是你和你的合伙人现存的场地、房屋、办公用品和机械设备以及交通工具,能够利用的尽可能利用,如果是合伙创业,也要做到亲兄弟明算账,利用了谁的现有资产,都要事前谈好租用的费用。

(三)亲友借款

如果你有个大家庭,你可以得到家庭成员的支持。当然你的亲戚朋友也应该是你借款对象。

记住! 即使是家庭成员或者亲戚朋友,你也一定要做到诚实无欺、信守承诺。

(四)银行贷款

银行贷款被誉为创业融资的"蓄水池",在创业者中很有"群众基础"。

1. 农民工申请小额贷款要求

在申请此类贷款时,有 3 点比较重要:第一,贷款申请者必须有固定的住所或营业场所;第二,营业执照及经营许可证,稳定的收入和还本付息的能力;第三,最重要的一点,就是创业者所投资项目已有一定的自有资金。

具备以上条件的方能向银行申请,申请时需要提供的资料主要包括:婚姻状况证明、个人或家庭收入及财产状况等还款能力证明文件;贷款用途中的相关协议、合同;担保材料,涉及抵押品或质押品的权属凭证和清单,银行认可的评估部门出具的抵(质)押物估价报告。

除了书面材料以外就是要有抵押物。抵押方式较多,可以是动产、不动产抵押,定期存单质押、有价证券质押、流通性较强的动产质押,符合要求的担保人担保。发放额度就根据具体担保方式决定。

2. 金额要求

创业贷款金额要求一般不超过借款人正常生产经营活动所需流动资金、购置(安装或修理)小型设备(机具)以及特许连锁经营所需资金总额的70%。

期限一般为2年,最长不超过3年,其中,生产经营性流动资金贷款期限最长为1年。

个人创业贷款执行中国人民银行颁布的期限贷款利率,可在规定的幅度范围内上下浮动。

3. 贷款偿还方式

第一,贷款期限在一年(含一年)以内的个人创业贷款,实行到期一次还本付息,利随本清。

第二,贷款期限在一年以上的个人创业贷款,贷款本息偿还方式可采用等额本息还款法或等额本金还款法,也可按双方商定的其他方式偿还。

4. 为农民工"量身定做"贷款

全球性金融风暴,也影响着中国。由于出口加工业受到影响,我国沿海一带中小型企业出现了关停现象,由此产生的农民工提前返乡、农民工失业等一系列新的社会问题。我国目前农民工数量已超过2亿,农民工的稳定就业和有序流动直接关系到农民增收和农村社会稳定。因此,如何保护好农民工的就业饭碗,成为当前社会各界共同关注的一项重要民生问题。

2008年12月10日,国务院常务会议要求各地区、各有关部门要深入调查研究,全面掌握情况,采取有效措施,切实做好当前农民工工作。会议要求:一要广开农民工就业门路。积极扶持劳动密集型企业,稳定农民工就业。二要加强农民工就业能力培训。三要扶持有条件、有能力的农民工返乡创业,在用地、收费、信息、工商登记、纳税服务等方面降低门槛,搞好金融服务,落实小额担保贷款,符合规定的给予财政贴息。鼓励返乡农民工参加农业和农村基础设施建设。四要确保农民工工资按时足额发放。五要做好农民工社会保障和公共服务。六要切实保障返乡农民工的土地承包权益。

对此,农村金融机构应该认真领会政策精神,多策并举,积极创新,为农民工返乡提供优质的信贷服务。但是,在不少地方,返乡农民工们摇摆不定的就业思路和不断变化的新情况,往往令当地农村金融机构在推出信贷措施帮助其解决创业融资难题的同时,感到无所适从。

一方面,返乡民工需要资金,渴望创业;另一方面,农村金融机构也频频推出一些农民工贷款的创新措施。这两者之间能否完美对接,这需要农村金融机构积极考虑,认真面对。

各地各部门要充分关注农民工创业的金融需求,为其提供"量身定做"的贴心信贷服务,乃是解决上述问题的一条良策。具体来说,农村金融机构应从以下方面入手:

(1)加强农民工返乡调查工作。信贷员和支农联络员应走乡串寨,进行全面摸底,及时掌握辖内返乡农民工的状况,并制作农民工返乡调查摸底表,了解农民工返乡原因、就业愿望、资金需求、与信用社有无借贷关系或资金往来业务、联系方式等情况。

(2)组织员工进行调研,开展农民工的信用等级评定工作。只有经过实地调研,充分了解农民工的创业想法,才能根据建立的《农户小额信用贷款档案》、在外务工期间与户口所在地信用社的业务往来,在评定核定的信用等级额度内,允许农民工申请用于创业所需贷款。

(3)积极盘活不良贷款,寻找资金来源,合理调配资金运行。对返乡农民工有拖欠农村金融机构贷款本息的,信贷员和支农联络员要积极上门主动联系,根据情况,采取各种有效措施盘活不良贷款,切实把不良贷款压下来;对返乡农民工尚有贷款余额,且还要外出打工的,农村金融机构要通知借款人委托其他人按期还本付息,避免造成新增不良贷款。此外,还要抓住当前农民工回流的有利时机,上门服务,组织农村闲散资金,主动宣传动员,扩大存款规模,合理调配资金运行。

(4)创新贷款方式,简化办贷流程,为农民工自主创业提供方便快捷的"绿色信贷通道"。农村金融机构可在营业网点开通返乡农民工信贷服务专柜,为农民工办理各项业务。对有金融服务需求的,及时地提供优质服务,并尽量减少办贷环节和程序,利用服务窗口,积极为返乡农民工开展优质的金融服务。此外,农村金融机构还可以利用农民工返乡潮的时机,主动上门对农民工信贷业务进行宣传,了解农民工情况,及时逐户地为他们建立农户经济档案。对符合条件的及时给予评级授信,对有创业愿望和贷款需求的,作为重点对象予以扶持。对有大额贷款需求的,要积极主动上门进行调查,对符合条件的在规定时限内积极给予资金支持,引导更多的农民工加入到返乡创业的队伍中来,以创业带动就业。

(5)放宽农民工返乡创业的贷款条件,降低贷款抵(质)押标准。农村金融机构要拓宽农户小额信贷和联保贷款覆盖面,放宽农民工返乡创业的贷款条件,降低贷款抵(质)押标准,创业人员的房屋产权、土地使用权、机器设备、大件耐用消费品和有价证券以及注册商标、发明专利等均可作为抵(质)押品。

此外,农民工的贷款期限也应适当放宽。农村金融机构可以根据农民工贷款用途、生产周期和综合还款能力合理确定贷款期限,对特殊情况允许跨年度使用,如遇自然灾害时,允许办理部分或全部贷款展期,切实减轻农民工负担。

扶持返乡农民创业,不但能解决其本人就业,还能有效带动就业。随着农民工自身创业意识的增强以及中央政策的鼎力支持,返乡创业的农民工,必将成为新农村建设的生力军。那么,如何紧紧抓住中央扩大内需 10 条措施对"三农"鼎力支持的机遇,深入挖掘农民工的创业潜力,也是当前摆在农村金融机构面前的一个巨大挑战。农村金融改革、土地改革刚刚拉开大幕,如何让返乡民工参与改革、享受农村改革成果非常重要。因此,农村金融机构应及早出台为农民工"量身定做"的信贷政策,鼓励、支持农民工返乡创业。

四、流动资金正常运转周期

流动资金是企业总资金中最具活力的组成部分,是企业日常生产经营活动赖以进行的基本依托。

流动资金的运转状况直接关系到企业总资金的运转,直接影响企业的效益。

企业生产经营过程的不断进行,企业的流动资金应从货币资金形态开始,依次转化为储备资金、生产资金、成品资金和结算资金,再回到货币资金形态上,以便满足下一生产经营过程的需要。

流动资金的各组成形态必须保证在空间上合理并存,在时间上依次继起,否则流动资金的正常周转便不存在,生产经营正常维持对流动资金的告急或生产经营的中断便不可避免。

(一)什么是运转周期

流动资金是一个企业的血液。而现金转换周期则显示了血液流动的状态。

资金在企业内外是如何流动的呢?

(1)现金流出购买原材料。

(2)变为原材料及库存停留在企业内部。

(3)变为销售的应收款。

(4)最终回款又变回现金。

这个过程流动得越快,企业现金的使用效率越高,运营效率也越高。反之,则占用的资金越多,资金的使用效率越低,运营效率也越低。

当然,不同行业的现金转换周期不同。即使是同一行业,采用的商业模式不同,现金转换周期也会差异很大。

(二)原材料储存周期

原材料的储存周期等于平均库存除以平均日销售成本。原材料储存周期越长,占用流动资金越久,其企业成本越高。在原材料供应充足、物价稳定的情况下,尽可能减少库存,是加快资金周转,降低成本的有效方法。

记住!现在国际上流行零库存,是在现代物流高度发达的前提下产生。

(三)产品生产周期

产品生产周期是指生产产品所需的总时间。

一般说来,一个产品的生产周期是指从该产品的原材料投入生产环节那一刻起,到该产品完成所有工序进入成品仓库止所经历的时间。

产品的生产周期是一个企业综合管理水平的体现。不同的企业,生产不同的产品,不同的管理水平,生产周期是不一样的。

缩短产品生产周期,就等于缩短了现金占有时间,从而降低了生产成本。

记住!农业企业的产品生产周期既有一般行业的属性,更有它的特殊性。

(1)受农业气候因子的制约。

(2)受动物、植物自有生长规律的制约。

所以预测农业产品的生产周期既要尊重自然规律也要考虑经济规律。

(四)资金回收周期

资金回收率是衡量某一创业行为发生损失大小的一个指标。

第五节　防范你的创业风险

你要知道,创业之路从来没有坦途!创业永远与风险相伴!通过这一步的培训,你不仅会了解创业会面临哪些风险?创业失败会有什么先兆?什么因素导致创业失败?同时你可找到拒绝失败的对策。

一、创业面临的风险

"在创业的路上,风险一定与你同行,并且会不离不弃"。既然你选择了创业,风险也一定选择了你。所以,在你的创业生涯中,你一定要做好充分的心理准备,时刻面对风险。

(一)什么是创业风险

1. 风险的定义

风险是指在一定环境下、一定时段内,影响目标实现的不确定性,或某种损失发生的可能性。也就是说风险的存在意味着创业目标的实现可能会遇到预想不到的事情。

如果我们把风险与目标联系起来,就会发现,生活中风险无处不在。我们所做的一切事情都是为了达到一定的目标,只要目标还未实现,就永远存在风险。

2. "风险"一词的由来

在远古时期,以打鱼捕捞为生的渔民们,每次出海前都要祈祷,祈求神灵保佑自己能够平安归来,其中主要的祈祷内容就是让神灵保佑自己在出海时能够风平浪静、满载而归;他们在长期的捕捞实践中,深深地体会到"风"给他们带来的无法预测无法确定的危险,他们认识到,在出海捕捞打鱼的生活中,"风"即意味着"险",因此有了"风险"一词。

3. 创业风险的成本

由于风险的存在和风险事故发生后人们所必须支出费用的增加和预期经济利益的减少,又称风险的代价。

包括风险损失的实际成本,风险损失的无形成本和预防和控制风险损失的成本。

4. 创业风险的频率与程度

(1)风险频率:又称损失频率,是指一定数量的标的,在确定的时间内发生事故的次数。

(2)风险程度:又称损失程度,是指每发生一次事故导致标的的毁损状况,即毁损价值占被毁损标的的全部价值的百分比。现实生活中二者的关系是:①风险频率很高,但风险程度不大;②风险频率不高,但风险程度很大。

5. 创业风险的表现形式

(1)必然风险,即无论如何都不可避免地会发生。

(2)潜伏风险,取决于诱发因素,有可能发生,也有可能不发生。

(3)想象风险,其实不会发生。

6. 创业风险的特征

(1)客观性。客观事物的发展是不以人的意志为转移的,创业风险的存在是客观存在的。

(2)损害与收益的双重性。创业成功与失败都是有可能的。

(3)不确定性。空间不确定、时间不确定、损失程度不确定。由于影响创业的各种因素是不断变化的、不确定的、难以预料的,因此造成了创业风险的不确定性。

(4)可变性。随着影响创业因素的变化,风险的大小、性质和程度也会发生变化。

(5)可识别性。根据风险的定义、分类、性质,风险是可以被认识的。

(6)相关性。创业的风险与创业者的行为是紧密相连的。同一风险,不同的创业者所采取的措施或策略不同,所产生的风险大小和结果也会不同。

(二)创业风险的分类

(1)根据风险来源的主客观性,可分为主观创业风险和客观创业风险。

(2)根据创业风险的内容,可分为技术风险、市场风险、政治风险、管理风险、生产风险和经济风险。

(3)根据风险对所投入资金即创业投资的影响程度,可分为安全性风险、收益性风险和流动性风险。创业投资的投资方包括专业投资者与投入自身财产的创业者。

(4)根据创业过程,可分为机会的识别与评估风险、准备与撰写创业计划风险、确定并获取创业资源风险和新创管理风险。

(5)根据创业与市场和技术的关系,可分为改良型风险、杠杆型风险、跨越型风险和激进型风险。

(6)根据创业中技术因素、市场因素与管理因素的关系,可分为技术风险、市场风险和代理风险。

(三)农业创业风险剖析

(1)农业创业环境的不确定性。农业创业的政策环境比较宽松,而自然环境则具有不确定性,这种不确定性因素包括自然灾害、交通条件、社会治安、文化差异、文明程度等。

一般来说,环境的不确定性,会增大农业创业项目的风险。

(2)农业创业机会的随意性。在广袤的农村,处处都有创业机会,但事后仔细一分析,好像这些机会具有很大的随意性,难以把握,真正操作起来就会碰到很多意想不到的困难。

(3)农业创业企业的复杂性。农业创业企业比起城市里的创业企业来说,的确有它的复杂性,如果你完全照搬照抄城里的工业创业企业和商业创业企业的模式，就行不通。

正是因为农业创业企业的复杂性，会导致创业的目标的不可预见性，从而带来创业风险。

(4)创业者、创业团队与创业投资者能力与实力的有限性。因为农业创业具有它的特殊性，包括前面讲的不确定性、随意性、复杂性，对其创业者、创业团队与创业投资者能力与实力也就提出了更高的要求，农业创业项目需要有能力有实力的创业者来施展才能。农业创业项目拒绝投机者。

(四)农业创业过程中的主要风险来源

农业是个弱质产业。旱了不行，涝了不行，虫灾病灾也不行，这是自然风险。遇上好年景，却不一定能赶上好行情，这是市场风险。

自然风险是老天爷的事，我们只能通过加强农业基础设施建设来抵御。市场风险，各种产品都免不了，但农产品往往受价格的影响。

1. 自然灾害风险

农业创业项目，受自然灾害的影响很大，比如规模种植项目，大多数在露天实施，如果遇到旱灾、水灾、风灾、低温、高温、病虫害以及冰冻天气等自然灾害天气，你所种植的农作物的产量受到影响，你所投入的创业资金将受自然灾害流失。

2. 重大疫情风险

如果你的农业创业项目选择的是规模养殖，你就要明白，最大的风险就是重大疫情的发生，这也将是毁灭性风险。一旦你实施这类创业项目，你就要时刻牢记，注意防范疫情。不要忘了在创办时买份疫情保险。

3. 农产品价格风险

你选择农业创业项目，客观存在着一个农产品价格问题，你必须清楚,在现实情况下,绝大多数农民种什么、养什么,是无法统计到准确的数据,这就要求你种养的品种在名、特、新、优上大做文章。你的项目内容必须是一家一户农民做不了的,才能取胜。

4. 农业生产成本风险

农业生产成本的控制也是农业创业项目的一大风险,农药、化学、种子、农机等农业生产资料的价格都给农业创业项目带来了不确定的成本因素,从而增加了创业的风险程度。

5. 农产品质量安全风险

随着农产品市场的不断规范,国家加大了农产品质量安全的监管力度,你的农业创业项目同时也必须无条件地接受农产品质量的安全监管。然而,种养殖业的生产环境以及市场上农药、化肥的质量以及企业内部管理等问题都增加了你的创业风险。一旦哪个环节出了差错,你生产的农产品出了质量安全事故而被查处,你的农业创业项目也将因此而一筹莫展。

6. 种子种苗风险

农业生产中,因种子种苗出问题而导致减产甚至绝收的事情屡见不鲜,如果你的农业创业企业,遇到假冒伪劣的种子、种苗,你也同样要蒙受损失。

二、创业失败的先兆

一般来说,创业失败必有先兆。

(一)信用缺失

企业一旦信用缺失,银行就会天天上门催讨贷款,各路债权人也会封门逼债,企业职工于是人心惶惶,生怕干了活拿不到工资。以前的往来单位,固定的原料进货渠道与企业打交道也谨慎起来了,企业想再重整旗鼓,结果是进原料现钱现货,绝不赊销。所以,告诫创业者,企业的信用是无价的,一旦缺失,你的创业梦想也就只能是梦想了。

（二）资金断链

企业一旦资金断链，就好像是人身上的血液断流。没有了资金，企业就只好停业了，所以告诫创业者，储备好企业流动资金真的很重要。

（三）产品积压

企业产品一旦积压，对你的创业企业来说，是一个不祥的信号，至少说明你的产品没有实现应有的价值，要么就是你的产品质量不合格，要么就是你的产品被市场抛弃了，要么就是你的市场营销环节出了问题，还有就是你遇到了强有力竞争对手。

（四）人才流失

企业人才一旦流失，你的企业在不久的将来就会终止，告诫创业者，要想企业发展必须留住人才。

（五）官司缠身

企业一旦官司缠身，说明你的企业在以往的运行过程中，没有很好的遵守社会规则。你要懂得，一场官司下来，无论输赢，不说你的社会声誉受损害，你的精力也被耗尽。

三、创业前期失败的原因

（一）准备不足·仓促上阵

有数据显示，创业前期失败，很多都是由于创业者仅仅参加了一个什么培训班，或者是一个什么创业报告会，或者受到了一个什么创业成功者的启示，一时冲动，没有做好创业前的充分准备，包括前面所说的心理准备、物质准备和资金准备，也没有很好地评估自己的创业能力，没有认真地选择创业项目，以及对项目的市场分析、团队组建、利润预测、创业风险等也没有足够的认识，仓促上阵，遇到一大堆问题，无法解决，也只能草草了事。

(二)计划不周·乱了阵脚

创业是一项系统工程,需要周密的计划和精心的策划。多数创业者在开始创业时往往容易只想到乐观的一面,而对风险的出现缺乏一定的心理准备。创业前,要从最坏的结果打算,要事先预测好可能出现的各种风险,并仔细地做出预案,只有这样,企业一旦出现危机,才能应对自如,主动采取有效措施以降低或规避风险。不然就会方阵大乱,导致创业前期失败。

(三)左顾右盼·三心二意

一旦你走上了创业之路,就要朝着你设定的目标走下去,要坚信,你的创业一定能够成功。有的创业者,项目刚刚启动,碰到一点困难,就开始怀疑自己的创业项目是不是选择错了,看到别人的创业项目进展得一帆风顺,就想着是不是终止自己的项目,殊不知,别人在做创业项目时也一样的艰辛,只不过是别人攻克了一个又一个难关,也是伴随着风险一路高歌的走来,你左顾右盼、三心二意。这样的状况,创业失败在所难免。经过一段时间的摸索,创业实在不会成功,才放弃,这也是明智的选择。

(四)意志动摇·患得患失

创业可以成就一番事业,更是对一个人意志力的考验!创业的成功,因素诸多,但意志力是创业成功的关键因素,当你想创业,没有项目你可以寻找,没有资金,只要项目好,你可以通过家人或朋友筹集,还可以找银行贷款,没有人,你可以招兵买马。但是如果你没有一定的意志力,遇事就患得患失,在荆棘丛生、风险相伴的创业路上,不失败才怪呢。

四、创业中期失败的原因

(一)目光短浅·小富即安

有不少创业者,在创业之初,顽强拼搏,目光远大,创业有成。

可惜,在事业如日中天的时候,没有一鼓作气,乘胜前进,而是慢慢地变得目光短浅,小富即安了,这种快乐的小日子还没过上几天,企业就危机四伏,最终关门大吉了。

(二)目标偏离·随波逐流

一般来说,创业项目在实施中,都有一个初级目标、中级目标和高级目标的发展过程。有的创业者,在创业项目发展中期,由于种种原因,而没能坚守预期,要么偏离目标,要么随波逐流,任其发展。企业的发展也有内在的规律,创业如果在发展中迷失方向,只能是功亏一篑了。

(三)发现问题·纠正不力

在创业进行中,经常会出现这样和那样的问题和困难,这是很正常的事情,创业与风险结伴同行嘛。可问题是如果你不把问题当问题看,不把问题当问题解决,小问题就会演变成大问题、一个问题就会发展成多个问题,到了紧要关头,如果还无动于衷,对问题不管不问,或者是纠正不力,这个问题就是创业失败的问题了。

(四)不思进取·人心涣散

创业到了一定阶段,回首一看,收获颇丰,小有成就。这时你会为自己的成绩由衷地自豪和骄傲。经过一路艰辛,你可能开始感觉疲惫,于是就会自觉不自觉地开始放慢前进的步伐,不知道在什么时候,你已经躺下了,再也不想走了。由于你的不思进取,导致企业人心涣散。由于你的脚步停止,你的创业之路也跟着停止了。

五、创业后期失败的原因

(一)人浮于事·效率低下

当你的创业项目发展到了高级阶段,已经成长为一个大的企业了,由于一次又一次的招兵买马,一个又一个的照顾安排,看到眼前这幅情境,殊不知,企业是要讲成本核算的,这种人浮于事、效率低下的企业失去了市场竞争力,如果不加治理,已经在劫难逃了。

(二)盲目扩张·现金断流

创业发展的确有一个发展壮大的过程,创业者能够抓住机遇,乘势而上,这当然值得称赞。但如果不认真做好市场调查,不稳扎稳打,步步为营,而是头脑发热,自不量力,盲目扩张,结果只会是现金断流,企业无法正常运转。创业者在企业发展最好的时候,因扩张而导致失败的前车之鉴可谓举不胜举。

(三)独断专行·机制不活

企业的健康发展,需要企业内部的民主管理和科学决策,更需要完善健全的管理机制来保障。由于是创业者自己创办的企业,自己对自己的一切行为负责,自己在企业内说了算,一言堂,在创业发展的前期和中期阶段,创业者可能由于经验不足,经常找专业人员和各级管理人员交换意见。一旦企业发展到了高级阶段,有的创业者为了显示自己的权威,独断专行,如果加上企业机制不活,创业到此失败也是很顺理成章的了。

(四)管理不善·人才流失

企业的成立靠谋划,企业的发展靠管理。创业者在企业创办初期,凭着一股热情和干劲,的确可以获得创业的初步成功,但当企业发展到了一定的规模,创业者的热情和干劲已经不足以支撑企业的发展,到了这个时候,如果企业管理不善,并造成企业大量优秀人才流失,你的创业也就寿终正寝了。

六、拒绝创业失败的对策

创业成功人士认为,与其老想着预防风险,还不如学会分析风险、善于评估风险、积极预防风险、设法转嫁风险,从而规避风险,提高制胜概率。

(一)改进管理模式

拒绝创业失败就要及时堵住管理上出现的缺口。一般来说，创业者并不一定都是出色的企业家，也不一定都具备出色的管理才能。

也许你是利用某一新技术进行创业，也许你是某个技术方面的专业人才，但却不一定具备专业管理才能，从而形成管理缺口。

你往往有某个新的创业点子，但在战略规划上不具备出色才能，或不擅长管理具体事务，从而形成管理缺口。

凭借你的悟性和智慧，你在创业的路上已经摸索出了一套企业管理方法，但随着企业的不断发展壮大和市场千变万化，你必须立即改进你的企业管理模式，从而支持你的创业健康发展。

(二)迅速凝聚人心

拒绝创业失败，创业者就要在你的企业内部，千方百计的迅速凝聚人心，让你的企业员工心往一处想，劲往一处使，朝着你预期的创业目标前行，形成一支坚不可摧的创业团队。

如果你的企业内部的员工出现离心离德的前兆，如果你的企业技术骨干纷纷离你而去，你就要立即检讨自己，并马上着手调查分析和调整你的企业制度和管理机制，迅速作出以人为本，安抚、稳定人心的方案。

(三)广泛吸纳人才

你的创业也许已经初战告捷，你的企业也许已经羽毛丰满。请你别忘了，在得势的时候，广泛吸纳社会各类人才，让这些人才与你一同创业，一同发展。

要知道，市场竞争的核心，说到底就是人才的竞争，你有了好的创业项目，又有了好的创业基础，并制定了好的利益分配机制，如果再加上你又拥有了本行业内一流的人才，你的创业想失败都难了。

(四)打造企业文化

创业者要在你创业的行业中独树一帜,必须精心打造你的企业文化。不要以为,农业企业就是生产农产品,你要懂得,中国的农耕文化博大精深,只要稍加留意,就会发现在广阔的农村天地,处处都是文化;只要稍加开发利用,你就会感觉围绕着你的农业创业项目,随时随地都可赚钱。

注意! 你开发的农业创业项目,最好结合农耕文化打造你的企业文化,这样会让你的农业创业项目财源滚滚。

(五)强化危机意识

你的创业之路也许一帆风顺,但要提醒你,这并不能表明你的创业没有了风险,你的企业没有了危机。恰恰相反,风险就在你的身边陪伴,危机正潜伏在你的企业里,如果你现在没有抵御风险准备,没有危机意识,等到风险突然袭击,等到危机闪电般降临,你只有束手无策进而束手待毙了。

记住! 强化创业者的危机意识是拒绝创业风险重要手段。

(六)加强信息利用

信息缺失存在于创业之路的始终。作为创业者,围绕着你的创业项目,你可能通过各种渠道收集到了一些你认为很重要的信息,于是,你利用这些信息,作出了创业的决策和对创业发展前景的判断,你的创业也获取初步成功。

记住! 在瞬息万变的市场经济面前,信息也是有时效性的,因此,为了拒绝创业失败,你一定要充分利用好信息,让精准的信息帮助你正确决策、开拓市场、从而让你的企业立于不败之地。

(七)学会运用谋略

(1)以变制胜。所谓"适者生存",强调的就是"变",经营者要适应外部环境的变化,随时做出调整。

（2）出其不意，攻其不备。核心是一个"奇"字，用出奇的产品、出奇的经营理念、出奇的经营方式和服务方式去战胜竞争对手。

（3）以快制胜。机不可失，时不再来，比对手快一分就能多一分机会。胜者属于那些争分夺秒、当机立断者。

（4）后发制人。从制胜策略看，后发制人比先发制人更好，可以更多地吸收别人的经验，时机抓得更准，制胜把握更大。

（5）集中优势，重点突破。这一策略特别适用于小企业，因为小企业人力、物力、财力比较弱，如果不把有限的力量集中起来很难取胜。

（6）趋利避害，扬长避短。经营什么产品，选择什么样的市场，都要仔细掂量，发挥自己优势。干应该干的，干可以干的，有所为，有所不为。

（7）迂回取胜。小企业竞争不能搞正面战，搞阵地战，而应当搞迂回战，干别人不愿干的。

（8）积少成多，积微制胜。一个有作为的经营者要用"滴水穿石"、"聚石成山"的精神去争取每一个胜利，轻微利、追暴利的经营者未必一定成功。

第六节　启动你的创业计划

经过了一系列的农业创业培训，你现在已经下定决心要创业了吗？现在，你的农业创业计划已经完成，接下来就要考察你是否做好了创业的准备。

一旦你真的启动了你的农业创业计划，只能遵守规则前行。在最后一步，你会明白行动比什么都重要。但在创业行动之前，你一定要做好周密的行动计划，企业启动后，你要做好日常每件事，管好企业每一天。

一、行动比什么都重要

(一)你已经下定决心要创业吗

创业可以为你带来很多好处,但与收获相对应的必然是大量的付出。创业是一个艰辛而且漫长的过程,并且在这个过程中还要付出很大的代价。

下面的问题请你考虑。

(1)长时间的工作你能吃得消吗? 因为创业比一般的工作所投入的时间要多数倍。

(2)承受较大的压力,你能行吗? 创业具有很大的风险,拿着家里的积蓄去冒险,创业者需要顶着可能会失败的压力,你得承担压力。

(3)紧张的工作可能会给你带来一些病痛。你考虑过吗?

(4)生活质量有可能下降,你能接受吗?

(5)还有不可预测的代价,你都能面对吗?

(二)认真评估一次你创业的能力和实力吧

认真剖析自身的素质、能力和为创业所愿意付出的代价,从而可以对"我是否能创业"的问题再一次做出回答。

世界上没有绝对的能或不能。企业家的素质和能力并不是天生的,很多创业获得成功的人士在创业之初并不具备创业所必须有的所有素质和能力。

(1)技术可以学习。

(2)素质可以培养。

(3)能力可以提升。

(4)条件可以改善。

这些都不应该是阻碍你创业的理由!

(1)你已经准备好了足够的资金创业吗?

(2)你已经准备好了创业的技术支持者吗?

(三)最好的计划不去实施还是等于零

(1)也许你现在还在反复研究你精心编制的农业创业计划书。

(2)也许你认为你编制的农业创业计划书在培训班上是最优秀的!

(3)也许你的农业创业计划书做得完美无缺!

(4)也许你早就陶醉在创业的梦想中了。

记住:再好的计划不去实施还是等于零!

(四)要创业就立即行动吧

你既然想创业,也需要创业,经过评估你又适合创业,而且有能力创业,那就立即行动吧!

与昨天已经开始农业创业的人比,你现在行动晚了。与今天行动的人来说,你的行动正当时。但是,相对于明天,你就是农业创业的早行人了。

二、制订行动计划

(一)制订周密的行动计划

在开始农业创业行动之前,你首先要制订周密的行动计划。现在你已经决定要开办企业,但还停留在纸面上。

在和顾客实际打交道之前还有很多工作要做。做这些事要按部就班,不要乱了章法。为此,你要制订一份行动计划,写清楚:

(1)哪些工作要做。

(2)由谁来做。

(3)先做什么。

(4)后做什么。

(5)什么时候完成。

开业前,你要做的事情很多很多,所以,要安排计划好时间。按行动计划一项一项落实是最简单、最有效的方法。

为了不遗漏、不重复,你的行动要周密。每完成一项工作,别忘了马上记录在案。

(二)列出创业必须要做的每一件事情

开个清单,列出你的农业创业项目开业必须要做的每一件事:

(1)选择在哪开办农业创业项目。

(2)如数筹措启动资金。

(3)办理有关手续。

(4)接通水、电、气、电话、宽带。

(5)购置或租用机器设备、办公用品。

(6)购置原材料、包装材料。

(7)招聘企业员工。

(8)宣传你的企业。

(三)将罗列的事情一个一个落实到位

由于开办的农业企业的类型不同,它们的日常业务活动也有差异。例如,农业生产资料经营企业的日常工作主要是销售、采购存货、记账和管好店员。

农业服务行业(如农机作业、农业物流)的日常工作是招揽生意,完成服务任务。管理职工,使他们的工作保质保量,有成效。除此之外,你还要采购材料,控制成本和新业务定价。

农产品加工企业的日常业务要复杂得多,你要接订单,核实自己的生产能力,安排车间生产。这意味着你要购进原材料,调配好工厂的设备,监控工人的工作质量,控制成本,销售产品等。

做农业创业项目很辛苦:

(1)你要到亲自去采购种苗并确保种苗质量。

(2)你要在生产和生活条件相对艰苦的环境中组织或监督员工的工作,实时监控水、电、气的供应情况。

(3)你要时刻关注天气变化、环境变化、动植物病虫害及疫情等信息。

(4)你还要做好田间农产品生产的安全保障等。

不论你的企业属于哪种类型,以下工作都是必不可少的。

(1)管理员工。

(2)购买原材料或服务。

(3)控制生产。

(4)为顾客提供服务。

(5)控制成本。

(6)制订价格。

(7)做业务记录。

(8)综合协调工作。

三、做好日常每件事

(一)成本控制·点点滴滴

作为创业者,你要彻底了解生产成本或进货成本,这有助于你制订价格,赚取利润。为此,把成本维持在最低限度对你来说是很关键的。

这方面的信息来自于你的财务会计系统。即使是最简单的财务记录,也会为你提供计算企业成本的依据。

企业成本是企业资金支出的根源,因此,合理控制成本能提高企业的利润。

(二)价格制定·留有余地

你要为你的产品或服务制定合适的价格,使你的产品或服务既能产生利润,又具有相当的竞争力。

你必须明白,只有销售收入大于产品或服务的成本,才会有利润。制定价格之前,你必须先摸清成本,否则你无从知道企业是在赢利还是在亏本。

(三)业务记录·一丝不苟

你必须时刻知道企业经营的状况。

如果经营遇到困难或问题,通过分析你的业务记录可以发现问题所在。

如果企业运转良好,你也能利用这些记录进一步了解企业的优势所在,使你的企业更有竞争力。

做好业务记录可以帮助企业主做出有利周全的经营决策。搞好业务记录还有助于以下工作的开展。

(1)控制现金。

(2)控制赊账。

(3)随时了解你的负债情况。

(4)控制库存量。

(5)了解员工动态。

(6)掌握固定资产状况。

(7)了解企业的经营情况。

(8)上缴税款。

(9)制订计划。

大多数微小企业为节省开支而不请专职会计,所以,为了掌握现金流量而自己学习简单的记账办法。虽然不同企业的记账方式有所差别,但一般都包括以下内容。

(1)收入的资金。

(2)支出的资金。

(3)债权人。

(4)债务人。

(5)资产和库存。

(6)员工。

(四)综合协调·保障有力

办公室是你的企业的中枢,也是信息中心。因此,办公室组织和领导得好与坏对企业也会产生直接影响。

你需要购买办公设备和有醒目企业标志的办公文具,需要设立一个接待顾客和来访者的场所。办公室是你的工作场所,搞好管理所需的办公用品都要备齐。

记住:组织好办公室工作有助于提高你的工作效率和企业形象!

四、管好企业每一天

(一)员工管理·以人为本

1. 要建立团队合作意识

因为大多数员工喜欢集体配合工作。如果任务下达到团队,一旦完成,每个成员都会受到鼓舞。这种方法的主要好处在于:

(1)提高员工的工作积极性——他们能体会到集体的成绩里有他们各自的一份贡献。

(2)提高工作质量标准——团队成员共同配合解决质量问题。

(3)提高生产效率——集体工作更能使员工各展其长。

记住:你的企业的成功是由所有员工的整体业绩带来的。如果员工的技能不足、积极性不高、配合不当,即便你有一个好的企业构思,最终也无法成功。所以要非常重视对员工的培训和激励。

2. 重视培训员工

这是企业成功的重要因素。虽然组织培训要花钱,但好处却很多。

(1)员工的生产技术直接影响你的产品质量。

(2)员工能学到新的、更有效的工作方法。

(3)员工能觉得你关心他们,满意他们的工作。

3. 重视员工的安全

(1)如果招聘新人,要保护你的员工,防止他们发生工伤事故。

(2)作为企业主,你要对由于安全措施不够引起的伤残和疾病负责任。安全措施不只意味着避免工伤事故,还包括改善工作条件等。

(3)国家规定了职业安全与卫生的最低要求,如果企业违规,不仅给别人带来伤残的痛苦,而且还要承担发放抚恤金的负担。

记住! 关心员工的安全,不仅有利于员工的积极性和健康,而且还会降低你的企业的费用。

(二)生产组织·质量第一

生产监控是制造行业和服务行业的一项日常工作,通常要做以下决策。

(1)生产什么。

(2)何处生产。

(3)何时生产。

(4)如何生产。

(5)生产数量。

(6)生产质量。

记住! 只有合理组织和安排你的生产,才能为顾客提供保质保量的产品!

(三)顾客服务·热情周到

大多数企业本来可以卖出更多的产品,许多企业并不知道为什么会这样。企业的经营者要尽可能去了解顾客。

(1)了解他们想要什么?

(2)了解他们的需求发生了什么变化。

不断提高和改进你的服务质量,才会使顾客满意。

满意的顾客可以成为你的回头客,他们会从你的企业购买更多产品,他们会将你的企业和产品告诉他们的朋友和周围的人,满意的顾客越多,意味着企业的销售量会越大,企业的利润也就越大。

记住! 如果没有顾客,任何企业都无法生存下去。

(四)市场分析·把握全局

(1)时刻关注市场动态,是企业经营的必修课。

(2)只有做好市场分析,才能把握全局。

怎样分析市场:

(1)了解每天的产品销售情况。

(2)了解每天的产品的订货情况。

第四章　确定农业创业项目

通过认识农业创业的优势后,创业者在创业时要做的第一件事情就是要选择做什么行业,或者是打算办什么样的企业,如在土地里选择种植什么、池塘里选择养殖什么、利用农产品原料加工成什么新产品、为农业生产提供什么服务等,也就是要选择农业创业项目,这是创业者在创业道路上迈出的至关重要的第一步。

第一节　了解我国的行业分类

从总体说,我国的产业构成习惯上分为三大块。即第一产业、第二产业、第三产业。

第一产业就是产业链上的原料业。我国指的是农业(包括林业、牧业和渔业等),有的国家把矿业也列为第一产业。

第二产业就是产业链上的制造业,指的是以第一产业的产品为原料进行加工制造或精炼的产业部门。各国划分的范围也不尽相同。我国的第二产业指工业和建筑业。

第三产业就是服务业,也指第一、第二产业以外的其他行业,即不直接从事物质产品生产、主要以劳务形式向社会提供服务的各个行业。如交通、电信、商业、饮食、金融、保险、法律咨询乃至文化教育、科学研究等行业。

依据 1984 年国家计划委员会、国家经济委员会、国家统计局、国家标准局联合发布的《国民经济行业分类和代码》,上述产业又可以进一步细分为 13 个门类。

(1)农、林、牧、渔、水利业。

(2)工业。

(3)地质普查、勘探业。

(4)建筑业。

(5)交通运输业和邮电通讯业。

(6)商业、公共饮食业、物资供销和仓储业。

(7)房地产管理、公用事业、居民服务业和咨询服务业。

(8)卫生、体育和社会福利事业。

(9)教育、文化艺术和广播电视事业。

(10)科学研究和综合技术服务事业。

(11)金融、保险业。

(12)国家机关、党政机关和社会团体。

(13)其他行业。

在这 13 个门类的统属下,具体的小行业那可就千姿万态,不胜枚举了。

每位有心创业的农民工朋友都不妨根据自己的职业兴趣,先从这三大产业群、13 个行业门类中寻找出大致方向,再一步步地逐渐细化,使自己的创业目标既明确具体,又合乎自己的兴趣与现实条件,成功的几率自然也就相对地更大了。

第二节 如何选择创业好项目

(1)选择国家鼓励发展、有资金扶持的行业。这是选择好项目的先决条件。因为国家鼓励的行业都是前景好、市场需求大、加上资金扶持,较易成功。如现代农业、特色农业正是我国政府鼓励发展的行业。

(2)选择竞争小、易成功的项目。创业之初,资金、技术、经验、市场等各方面条件都不是很好时,如选择大家都认为挣钱而导致竞争十分激烈的项目,则往往还没等到机会成长就被别人排挤掉了。成功的第一个法则就是避免激烈的竞争。

目前,人们的传统赚钱思路还在于开工厂、搞贸易上,因而关注、认识农业的人很少、竞争很小,只要投入少量的资金即可发展,有一定的经商经验及文化水平的人去搞农业项目,在管理、技术及学习能力上都具有优势。比现在从事农业生产的农民群体更容易成功。

(3)产品符合社会发展的潮流。社会在发展,市场也在变化,选择项目的产品应符合整个社会发展的潮流,这样产品需求会旺盛。目前我国的农产品价格还处于较低的价位,随着经济和生活水平的不断提高,人们对绿色食品、有机食品的需求会越来越大,产品价格也会逐步走高,上升空间大,经营这些项目较易成功!

(4)技术要求相对简单,资金回笼快。对于中小投资者而言,除了资金回笼快、周期短,同时项目成功的因素还取决于其技术的难易程度,这也是保证项目实施顺利、投资安全的因素,因此,选择技术要求相对简单的种植、养殖加工项目风险较小。

(5)良好的商业模式。商业模式是企业的赚钱秘诀。好的商业经营模式可以提供最先进的生产技术和高效的管理技术以及企业运营良好方案,这样可省去自己摸索学习的代价,能最快、最好、稳妥地产生效益。

第三节 选择农业创业项目的方法

如今农业创业市场是风起云涌,创业者有许多农业创业项目可以选择,如何从中选择一项适合自己的好项目,就需要注意掌握和运用科学合理的方法进行选择,以期获得比较高的创业成功率。这里介绍的选择方法可以把选择过程分为产生农业创业项目、分析农业创业项目、筛选农业创业项目、检验农业创业项目这 4 个阶段。

一、农业创业项目的产生

产生农业创业项目是选择一项适合自己的好项目的基础。在产生农业创业项目时,应尽力放开自己的思路,尽可能地挖掘创业项目,好的创业项目往往源于异想天开。具体可从以下几个方面产生。

(1)创业者的技能。创业者的技能是指创业者擅长做的事情。例如,有的人擅长种植水稻,有的人擅长种植棉花,有的人擅长种植西瓜,有的人擅长养猪,有的人擅长养牛,有的人擅长养螃蟹,有的人擅长社交活动等。

(2)创业者的兴趣。创业者的兴趣是指创业者喜欢做的事情。例如,有的人喜欢种植花草,有的人喜欢养狗,有的人喜欢养鸽子,有的人喜欢养金鱼等。

(3)创业的经验。创业的经验是指创业者曾经的工作经历和接受的教育培训经历。例如,有的人曾经在某个草莓种植大户那里打过工,这个人也就有了种植草莓的经验;有的人参加农民创业培训或者实用技能培训,在培训过程中,培训老师讲授如何种植葡萄,这个人也就有了理论上种植葡萄的经验。

(4)创业者的社会关系。创业者的社会关系主要是指创业者的家人、亲戚、同学、同事、朋友等。创业者可以从他们那里获取一些创业信息、建议或者帮助。例如,有个人家里有个亲戚创办了一家酱菜加工厂,亲戚就建议这个人多承包些土地,用于种植酱菜原料,从而进行创业。

(5)创业者所处的自然资源环境。创业者所处的自然资源环境主要包括土地资源、水资源、矿产资源、生物资源、气候资源和海洋资源。例如,有的人发现自己所处的村子里有一块较大的闲置水面,那么就可准备利用这块闲置水面进行创业。

当然，还有很多其他方面的途径可以产生农业创业项目，如农业创业项目可从电视、报纸、杂志等大众媒体的新闻中产生，可从参加一些商品展销会中产生，也可从网络上的连锁加盟中产生。总之，创业者应多花工夫、放远眼光，善于寻找和发现农业创业"商机"，产生比较多的、可供选择的农业创业项目。识别农业创业"商机"的最好办法就是倾听你周围人们的不满、抱怨和困难，人们生活中存在的每一个问题都有可能意味着一个潜在的创业"商机"，而且越是难以解决的问题，它可能带来的创业商机就越有魅力，创业成功的可能性就越大。所以，只要我们掌握正确的方法，就会觉得农业创业项目的选择其实并不困难。只要我们善于观察、善于创新，农业创业"商机"就在创业者的身边，农业创业项目就在平凡的生活之中。

当前，我国农业正处在由传统农业向现代农业转变的时期，农业生产从分散经营向适度规模经营、从追求数量向量质并重、从初级产品生产向精深加工产品、从国内市场向国内外市场并重、从"提篮小卖"向现代营销转变，在这些转变过程中存在着许多困难和问题。因此，在农业生产领域中蕴藏着大量的创业"商机"，选择农业创业项目进行创业实践是大有可为的，其成功的可能性也很大，许多的外国农业公司积极挺进到我国农业市场上来就可说明这一点。

二、农业创业项目的分析

通过第一阶段产生了农业创业项目之后，也许创业者手中已经有了好几个农业创业项目，至少应有 5 个，多则可能超过 20 个。这么多的农业创业项目中究竟选择哪个项目呢？接下来就是对每一个农业创业项目进行全面的分析，使每个创业项目从不确定、不明晰变为详细、准确、清晰，以方便筛选和选择。

（1）农业创业项目的外部环境分析。农业创业项目的外部环境是创业者难以把握和不可控制的外部因素,是一种不断变化的动态环境。例如消费者的偏好及其变化、政策法规的变动、市场结构的变化、新技术革命带来的生产过程的变化等。外部因素极为纷繁复杂,各种因素对创业活动所起的作用又各不相同,并且在不同的客观经济条件下,这些因素又以不同的方式组合成不同的体系,发挥着不同的作用,但对于分析农业创业项目又十分重要。因此,要尽可能地通过各种信息渠道收集、整理、分析外部环境资料和数据。

(2)农业创业项目的市场分析。准确的市场分析是选好农业创业项目的前提。最主要的是要分析市场需求,市场需求状况将决定未来创业活动的生产经营状况,产品没有市场需求的企业是不可能做到生意兴隆、企业兴旺的。市场需求状况具体包括产品的需求总量、需求结构、需求规律、需求动机等。

(3)农业创业项目的资源分析。没有资源是实现不了任何项目的,创业项目当然也不例外。对于创业者来说,产品的现有资源是必须了解和考虑的重要问题,通常包括土地、资金、技能、人际关系、设施设备等。例如,创业者必须分析清楚农业创业项目需要多少资金的投入。

(4)农业创业项目的竞争对手分析。创业者对竞争对手的情况必须做充分的调查了解,这是在开展创业活动时必不可少的一项准备工作。这既有助于创业者摸清对手的情况,又能学习和借鉴竞争对手的长处、经验和教训,竞争对手可以成为创业者最好的老师,从而不断地提高自己,增强竞争能力。竞争对手分析主要了解现有竞争对手的数量、经营状况、优势和弱势、竞争策略以及潜在的竞争对手等。

(5)农业创业项目的投资效益分析。创业者对农业创业项目的投资效益分析具有十分重要的意义,通过分析设施的总造价、设备的总投资、为创办企业应缴的各种费用、产品的原材料价格、生产工人和管理工人的工资、产品的市场价格以及变动趋势等,计算出投资成本和投资产出,从而就可以看出投资效益是多少,企业能不能盈利。能盈利,企业就能生存与发展。

三、农业创业项目的筛选

通过第二阶段分析了每个农业创业项目的具体情况后,创业者就要对农业创业项目进行相互比较、权衡利弊,对农业创业项目进行筛选,选出一个切实可行又符合自己实际情况的创业项目。可以根据以下一些创业项目选择的准则。

(1)创业需要资本的数量(总数、自有资金)。

(2)每年期望达到的企业收入水平。

(3)期望从事的生意类型(批发、零售、服务、工业、制造、教育、研发)。

(4)期望近3年的投资回报率。

(5)期望的工作环境(室内/室外、工厂/办公室、单干/团队)。

(6)管理工作量大小。

(7)人际沟通复杂性。

(8)牵扯的雇佣人员情况(全职/半职,永久/临时)。

(9)从事业务的社会地位高低。

(10)是否符合自己的个性、能否发挥技能,有利个人事业发展。

(11)生意规模大小。

(12)每周花在该项目的时间(多少时数)。

(13)上下班或者旅行耗在路上的时间。

(14)家庭(配偶)支持生意的力度。

(15)生意增长的潜力(快慢)。

(16)期望的项目区位。

(17)期望的客户、市场或者社区规模。

通过第二阶段的分析每个农业创业项目的具体情况之后，创业者就要对农业创业项目进行相互比较、权衡利弊，对农业创业项目进行筛选，选出一个切实可行又符合自己实际的创业项目。许多人创业时都不知道选择什么创业项目，常常问计于亲朋好友、同事、咨询专家、创业培训机构。就一般意义而言，创业的目的无非是获利。那么，什么项目更适合去投资创业呢？

一个能够盈利的、有竞争力的好项目必须具备以下几个特点：

（1）获利性。只有产生一定的利润才会值得投资，这一点无需赘述。传统的行业由于时间已久，竞争已达到白热化，所以利润空间十分有限，现在介入需要有丰富的商业经验才能从容应对，否则将不得不用人人都会的价格战参与竞争，胜算几何自己都将心中无底。如果选择一个新颖的项目模式，就容易适当规避正面竞争，从而获得高额利润。

（2）新颖性。要有效的规避市场竞争，该项目就必须是市场的空白和盲点或是通过结构重组而创造的新的独有模式，这样才会有效地规避竞争，独享丰厚的行业利润，避免受行业中强手的排挤和打压，以致陷入价格战的泥沼而覆没。

（3）成长性。好的项目必须是处在该行业的快速成长上升阶段，这样才能保证其有较大的发展和获利空间。

任何处在起步或鼎盛或衰败期的项目，其风险都是很高的。当然，如果该项目是处在行业的起步阶段，尽管风险较高，但其利润一定也比较丰厚，有实力勇于冒险的也不妨一试。至于投资鼎盛的行业，尽管行业比较成熟，但行业竞争也必定十分激烈，利润相对较低。

（4）未来性。所谓未来性，就是指它必须是一种社会趋势或是随着时间的推移，它必定更加盛行。

有的行业随着时间的推移，市场将越来越小甚至逐渐失去存在的价值，如当初走村串户的货郎担；而有的行业则随着社会的发展,需求越来越旺盛,如设施农业、规模种养业等。

(5)易操作性。好多行业可能看似好赚钱,可是要么其操作程序十分困难复杂,要么它需要具备优异的人力资源,同样令人望而兴叹。所以好的创业项目必须具备可操作性尤其是易操作性。现在,优秀的连锁加盟就很好地解决了这个问题。他们有一套成功、成熟的市场操作经验,而且会毫无保留地将成熟的市场操作经验传授给加盟创业者,这样就避免了创业者走弯路或经营亏本。

具备了这几个特点,只要你有相应的资金、足够的兴趣,那么余下的就只有全身心地投入了。

四、农业创业项目的检验

通过第三阶段筛选出一个适合自己的农业创业项目之后,如立即着手实施将是有一定风险的。这个农业创业项目是否经得起推敲,还需要对这个创业项目进行检验。常用的方法是 SWOT 分析法,即对创业项目进行优势、劣势、机会和威胁的分析。SWOT由优势(Strength)、劣势(Weakness)、机遇(Opportunity)和威胁(Threat)4 个英文单词的第一个字母组合而成。

(1)优势和劣势。优势和劣势分析是指分析存在于农业创业项目内部的可以改变的因素。

优势指的是农业创业项目的长处和积极方面。例如,产品质量好、生产成本低、地点位置好、技术水平高、符合顾客消费习惯等。

劣势指的是农业创业项目的弱点和欠缺的方面。例如,产品和服务的成本高、售价贵、推销手段不如别人、无力提供足够好的售后服务等。

(2)机会和威胁。机会和威胁分析是分析存在于农业创业项目外部的、个人无法施加影响的因素,如国家政治、经济、科学技术、地区变迁等因素。

机会指的是农业创业项目将能从周围环境中获得的种种可能的有利时机、地位、支持和商业交易对象。如产品可能越来越流行、竞争对手因为某种原因丧失竞争力、获得了新的物美价廉的代用原料等。

威胁指的是农业创业项目将遭遇到可能的种种不利和负面影响的事情。如政策风险、产品有强大的竞争对手、原材料紧缺导致你的成本上涨、顾客日渐减少等。

当你做完 SWOT 分析后，如果结果是优势多于劣势，机会多于威胁，而且劣势能够找到措施加以克服，威胁了也能够找到办法加以避免，就算通过了 SWOT 分析，这个农业创业项目就是合理的、切实可行的好项目，接着就是为这个农业创业项目制定创业计划书。优势、劣势、机遇和威胁四者之中只要有一项通不过，创业者就应该修改创业项目，使之完善，或者完全放弃这个创业项目。

第四节　影响农业创业项目选择的因素

创业者选择农业创业项目是一项比较复杂的决策活动，需要考虑多种影响因素，其中，最主要的有以下 5 点。

（1）创业者的市场眼光。农业创业项目哪里多，哪里少，这是一个辩证的问题，需要用辩证的眼光去看待。客观地说，农村相对落后，随着我国农业经济的发展以及越来越与国际接轨，农业创业项目选择的机会大大增多。再说得绝对一点，有人群的地方就有创业项目，这就要看创业者有没有商业眼光去把握住。

（2）创业者的兴趣。兴趣是最好的老师。创业者只有选择他喜欢做又有能力做的事情，才会投入最大的热情，自觉地、全身心地投入到工作中去，并忘我地工作，才会迸发出惊人的创造力，才可能在困境挫折来临时毅然有足够的耐心和信心坚守下去，千方百计地克服困难，直到创业成功。

(3)创业者的特长。俗笑 ，隔行如隔山。创业者真正想创业，又希望比较有把握的话，应该在自己熟悉的行业里选择农业创业项目，一定要对该行业越熟越好，这样做起来比较容易上手，最起码不会那么轻易失败，也才能提高创业成功率。

(4)创业项目的市场机会。市场是最终的试金石。农业创业项目的选择必须以市场为导向，也就是说选择农业创业项目时不能凭自己的想象和主观愿望，而应该从市场需求出发，确定创业项目市场机会的空间大小，空间越大，创业成功的可能性也就越大。

(5)创业者能够承受的风险。明枪易躲，暗箭难防。在整个创业过程中，风险无处不在，许多不可控制的因素都可能成为创业路上的绊脚石。创业者把资金投入进去，谁也无法保证一定能成功、一定能够赚钱、一定能够长盛不衰。因此，在选择农业创业项目时，无论创业者对项目有多大的把握，都必须考虑"未来最大的风险可能是什么"，"最坏的情况发生时，我能不能承受"等问题，如果答案是肯定的，那么，只要项目的预期回报符合你的预期目标，就可以进行投资创业。

第五节　农业创业优先项目的选择

推进现代农业建设是解决好"三农"问题的必然要求，它能有效地提高农业综合生产能力，增强种养业的竞争力，促进农村经济的发展，快速增加农民收入。现代农业创业有许多项目可以选择，归纳起来，大概有以下五大方面的项目。

一、设施农业创业项目

设施农业创业项目是指在不适宜生物生长发育的环境条件下，通过建立结构设施，在充分利用自然环境条件的基础上，人为地创造生物生长发育的生境条件，实现高产、优质、高效的现代化农业生产方式。

农业生产是依靠动植物的自然繁殖机能及生长发育功能来完成的特殊生产过程,因而农业历来是一个受自然因素影响最大的产业。随着社会经济和科学技术的发展,农业这一传统产业正经历着翻天覆地的变化,由简易塑料大棚和温室发展到具有人工环境控制设施的自动化、机械化程度极高的现代化大型温室和植物工厂。当前,设施农业已经成为现代农业的主要产业形态,是现代农业的重要标志。设施农业主要包括设施栽培和设施养殖。

(一)设施栽培

设施栽培目前主要是蔬菜、花卉、瓜果类的设施栽培,设施栽培技术不断提高发展,新品种、新技术及农业技术人才的投入提高了设施栽培的科技含量。现已研制开发出高保温、高透光、流滴、防雾、转光等功能性棚膜及多功能复合膜和温室专用薄膜,便于机械化卷帘的轻质保温被逐渐取代了沉重的草帘,也已培育出一批适于设施栽培的耐高温、弱光、抗逆性强的设施专用品种,提高了劳动生产率,使栽培作物的产量和质量得以提高。下面是主要设施栽培装备类型及其应用简介。

(1)小拱棚。小拱棚主要有拱圆形、半拱圆形和双斜面形 3 种类型。主要应用于春提早、秋延后或越冬栽培耐寒蔬菜,如芹菜、青蒜、小白菜、油菜、香菜、菠菜、甘蓝等;春提早的果菜类蔬菜,主要有黄瓜、番茄、青椒、茄子、西葫芦等;春提早栽培瓜果的主要栽培作物为西瓜、草莓、甜瓜等。

(2)中拱棚。中拱棚的面积和空间比小拱棚稍大,人可在棚内直立操作,是小棚和大棚的中间类型。常用的中拱棚主要为拱圆形结构,一般用竹木或钢筋做骨架,棚中设立柱。主要应用于春早熟或秋延后生产的绿叶菜类、果菜类蔬菜及草莓和瓜果等,也可用于菜种和花卉栽培。

(3)塑料大棚。塑料大棚是用塑料薄膜覆盖的一种大型拱棚。

它和温室相比,具有结构简单,建造和拆装方便,一次性投资少等优点;与中小棚比,又具有坚固耐用,使用寿命长,棚体高大,空间大,必要时可安装加温、灌水等装置,便于环境调控等优点。主要应用于果菜类蔬菜、各种花草及草莓、葡萄、樱桃等作物的育苗;春茬早熟栽培,一般果菜类蔬菜可比露地提早上市 20～30 天,主要作物有黄瓜、番茄、青椒、茄子、菜豆等;秋季延后栽培,一般果菜类蔬菜采收期可比露地延后上市 20～30 天,主要作物有黄瓜、番茄、菜豆等;也可进行各种花草、盆花和切花栽培,草莓、葡萄、樱桃、柑橘、桃等果树栽培。

(4)现代化大型温室。现代化大型温室具备结构合理、设备完善、性能良好、控制手段先进等特点,可实现作物生产的机械化、科学化、标准化、自动化,是一种比较完善和科学的温室。这类温室可创造作物生育的最适环境条件,能使作物高产优质。主要应用于园艺作物生产上,特别是价值高的作物生产上,如蔬菜、切花、盆栽观赏植物、园林设计用的观赏树木和草坪植物以及育苗等。

(二)设施养殖

设施养殖目前主要是畜禽、水产品和特种动物的设施养殖。近年来,设施养殖正在逐渐兴起。下面是设施养殖装备类型及其应用简介。

(1)设施养猪装备。常用的主要设备有猪栏、喂饲设备、饮水设备、粪便清理设备及环境控制设备等。这些设备的合理性、配套性对猪场的生产管理和经济效益有很大的影响。由于各地实际情况和环境气候等不同,对设备的规格、型号、选材等要求也有所不同,在使用过程中须根据实际情况进行确定。

(2)设施养牛装备。主要有各类牛舍、遮阳棚舍、环境控制、饲养过程的机械化设备等,这些技术装备可以配套使用,也可单项使用。

(3)设施养禽装备。现代养禽设备是用现代劳动手段和现代科学技术来装备的,在养禽特别是养鸡的各个生产环节中使用,各种设施实现自动化或机械化,可不断地提高禽蛋、禽肉的产品率和商品率,达到养禽稳定、高产优质、低成本,以满足社会对禽蛋、禽肉日益增长的需要。主要有以下几种装备:孵化设备、育雏设备、喂料设备、饮水设备、笼养设施、清粪设备、通风设备、湿热降温系统、热风炉供暖系统、断喙器等。

（4）设施水产养殖装备。设施水产养殖主要分为两大类:一是网箱养殖,包括河道网箱养殖、水库网箱养殖、湖泊网箱养殖、池塘网箱养殖;二是工厂化养鱼,包括机械式流水养鱼、开放式自然净化循环水养鱼、组装式封闭循环水养鱼、温泉地热水流水养鱼、工厂废热水流水养鱼等。

目前,设施农业的发展以超时令、反季节生产的设施栽培生产为主,它具有高附加值、高效益、高科技含量的特点,发展十分迅速。随着社会的进步和科学的发展,我国设施农业的发展将向着地域化、节能化、专业化发展,由传统的作坊式生产向高科技、自动化、机械化、规模化、产业化的工厂型农业发展,为社会提供更加丰富的无污染、安全、优质的绿色健康食品。

二、规模种养业创业项目

随着我国现代农业的加快发展,家庭联产承包经营与农村生产力发展水平不相适应的一面日益突出,具体表现为四大矛盾:农户超小规模经营与现代农业集约化生产之间的矛盾,农民的恋土情结与土地规模经营的矛盾,按福利原则平均分包土地与按效益原则由市场机制配置土地的矛盾,分散经营的小农生产与日趋激烈的市场竞争和社会化大生产要求的矛盾。我国农户土地规模小,农民经营分散、组织化程度低,抵御自然和市场风险的能力较弱,很难设想在以一家一户的小农经济的基础上,能建立起现代化的农业,可以实现较高的劳动生产率和商品率,可以使农村根本摆脱贫困和达到共同富裕。我国养殖业生产目前也仍然是以分散经营为主,大多数农户技术水平低,竞争能力弱。

为了应对日益激烈的市场竞争,国内外走向联合生产与经营的案例已很常见,因为它便于集中有限的财力、人力、技术、设备,形成规模优势,提高综合竞争力。因此,发展现代农业生产必须大力发展规模化的种养业生产,打破田埂的束缚,让一家一户的小块土地连成一片,有效地把个体农民组织在一起,进行规模化经营,使低效农业变为高效农业,特别是在大中城市的郊区和一些条件比较好的平原地区,这种规模化生产既是必要的也是可能的,是农业创业的重要选择项目。

三、休闲观光农业创业项目

休闲观光农业是一种以农业和农村为载体的新型生态旅游业,是把农业与旅游业结合在一起,利用农业景观和农村空间吸引游客前来观赏、游览、品尝、休闲、体验、购物的一种新型农业经营形态。

近年来,伴随全球农业的产业化发展,人们发现,现代农业不仅具有生产性功能,还具有改善生态环境质量,为人们提供观光、休闲、度假的生活性功能。随着人们收入的增加,闲暇时间的增多,生活节奏的加快以及竞争的日益激烈,人们渴望多样化的旅游,尤其希望能在典型的农村环境中放松自己。休闲观光农业主要是为那些不了解农业、不熟悉农村,或者回农村寻根,渴望在节假日到郊外观光、旅游、度假的城市居民服务的,其目标市场主要是城市居民。休闲观光农业的发展,不仅可以丰富城乡人民的精神生活,优化投资环境等,而且达到了农业生态、经济和社会效益的有机统一。具体来讲,发展休闲观光农业有以下作用。

(1)有利于拓展旅游空间,满足人们回归大自然的愿望。随着收入的增加,人们不再仅仅满足于衣食住行,而转向追求精神享受,观光、旅游、度假活动增加,外出旅游者和出行次数越来越多。一些传统的风景名胜、人文景观在旅游旺季往往人满为患、人声嘈杂。休闲观光农业的出现,迎合了久居大城市的人们对宁静、清新环境和回归大自然的渴求。

(2)有利于实现农业的高产高效等目标。利用农业和农村空间发展观光农业,有助于扩大农业经营范围,促进农用土地、劳动力、资金等生产要素的合理调整,提高土地生产率和劳动生产率;同时又可以农业旅游为龙头,带动餐饮、交通运输、农产品加工等行业的发展,增加农业生产的附加值。

(3)有利于改善农业生态环境。休闲观光农业为招徕游客,除了在景点范围内营造优美的农业生态环境和农业景观场所外,必须绿化、美化周围地区的田园和道路,维护农业与农村自然景观,改善城乡环境质量。

休闲观光农业是把观光旅游与农业结合在一起的一种旅游活动,主要形式有以下5种。

(1)观光农园,即在城市近郊或风景区附近开辟特色果园、菜园、茶园、花圃等,让游客入内摘果、拔菜、赏花、采茶、享受田园乐趣。这是休闲观光农业最普遍的一种形式。

(2)农业公园,即按照公园的经营思路,把农业生产场所、农产品消费场所和休闲旅游场所结合为一体。

(3)教育农园。教育农园是兼顾农业生产与科普教育功能的农业经营形态,以青少年学生为主要服务对象,提供农业认知、体验与相关教学服务。教育农园也是城市居民休闲度假、知识性旅游的一个理想去处。

(4)森林公园。森林公园是经过修整可供短期自由休假的森林,或是经过逐渐改造使它形成一定的景观系统的森林。

(5)民俗观光村。目前,全国各地已经涌现出一大批因地制宜,深入挖掘,展现当地文化、生产、生活习俗的民俗旅游村,有的地方建起了民俗博物馆、婚俗院等,有的推出了"住农家房、吃农家饭、做农家活、随农家俗"等活动。到民俗村体验农村生活,感受农村气息已成为今天都市人的一种时尚。

在20世纪90年代,我国农业休闲观光旅游在大中城市迅速兴起。休闲观光农业作为新兴的行业,既能促进传统农业向现代农业转型,又能解决农业发展过程中的矛盾,也能提供大量的就业机会,还能够带动农村教育、卫生、交通的发展,改变农村面貌,是为解决我国"三农"问题提供的新思路。因此,可以预见,休闲观光农业这一新型产业必将获得很大的发展。

四、绿色农业创业项目

绿色农业是一种新的农业发展模式,是以可持续发展为基本原则,充分运用先进科学技术、先进工业装备和先进管理理念,以促进农产品安全、生态安全、资源安全和提高农业综合效益的协调统一为目标,把标准化贯穿到农业的整个产业链条中,推动人类社会和经济全面、协调、可持续发展的农业发展模式。简单地说,绿色农业就是创建和利用良好的生态环境,运用现代管理理念和科学技术,生产出足量的安全营养的农产品,实现全面、协调和可持续发展的农业发展模式。

绿色农业一般包括"三品",即无公害农产品、绿色食品和有机食品。无公害农产品是指产地环境、生产过程、产品质量符合国家有关标准和规范的要求,经认证合格获得认证证书并允许使用无公害农产品标志的未经加工或初加工的食用农产品,它的标志图案主要由麦穗、对勾和无公害农产品字样组成,麦穗代表农产品,对勾表示合格,金色寓意成熟和丰收,绿色象征环保和安全,无公害农产品的认证管理机关为农业部农产品质量安全中心。绿色食品是指遵循可持续发展原则,按照特定生产方式生产,经专门机构认定、许可使用绿色食品标志商标的无污染的安全、优质、营养类食品。绿色食品标志由3部分组成,即上方的太阳、下方的叶片和中心的蓓蕾,象征自然生态;其颜色为绿色,象征着生命、农业、环保;其图形为正圆形,意为保护。有机食品指来自有机农业生产体系,根据有机农业生产要求和相应标准生产加工,并且通过合法的、独立的有机食品认证机构认证的农副产品及其加工品。

绿色农业的发展目标,概括起来讲就是"三个确保,一个提高":确保农产品安全,确保生态安全,确保资源安全和提高农业的综合经济效益。

(1)确保农产品安全。农产品安全主要包括产品足够数量和产品质量安全,要能有效解决资源短缺与人口增长的矛盾,必须以科技为支撑,利用有限的资源保障农产品的大量产出,满足人类对农产品数量的需求。同时,随着经济发展,人们生活水平不断提高,绿色农业要加强标准化全程控制,满足人们对农产品质量安全水平的要求。

(2)确保生态安全。绿色农业通过优化农业环境,改善生态环境,强调植物、动物和微生物间的能量自然转移,确保生态安全。

(3)确保资源安全。农业的资源安全主要是水土资源的安全。绿色农业发展要满足人类需要的一定数量和质量的农产品,就必然需要确保相应数量和质量的耕地、水资源等生产要素。随着环保意识的增强和绿色消费的兴起,消费者对绿色食品日趋青睐。顺应这一潮流,绿色农业在各地迅速发展。发展绿色农业还必须消除3个认识误区:

(1)误认为绿色农业就是不施化肥、不喷农药的农业。绿色农业,是指以生产、加工、销售绿色食品为核心的农业生产经营方式。它是当今世界各国实施可持续发展农业目标时被广泛接受的模式。绿色农业以"绿色环境"、"绿色技术"、"绿色产品"为主体,不是不用化肥和农药,也不是一味地否定传统农业模式,而是科学使用化肥和农药,由过去主要依赖化肥和农药转变为主要依靠生物内在机制来取得农业增效。

（2）误认为发展绿色农业投入高、收益低。我国绿色农业主要通过优良品种培育和土壤改良，利用生态机制来求发展，把经济、社会和生态效益统一起来，大大降低对农药和化肥的依赖，是一种低投入的农业生产方式。"绿色消费"方兴未艾，人们对消费品最迫切的要求是"无公害"。谁能在"绿"字上大做文章，谁就能抓住更多的消费者，取得更高的市场占有率，获得更大的经济效益。发展绿色农业只要捷足先登，就会捕捉创业先机。

（3）误认为发展绿色农业是农民自己的事。发展绿色农业，需要加大绿色产品的宣传力度，加大绿色技术的普及力度，加大项目资金的扶持力度，开发病虫害防治、土壤改良等适用技术，培植绿色农业龙头企业和生产基地，提高农民绿色农业技术水平，这样才能促进绿色农业的发展，从而更有利于农村经济、社会和生态的协调发展。

再就是现代农产品加工业创业项目。现代农产品加工业是指以现代科技为基础，用物理、化学等方法，对农产品进行处理，以改变其形态和性能，使之更加适合消费需要的工业生产活动。现代农产品加工业是现代农业的重要组成部分，是农业与工业相结合的大产业，它是现代农业发展的关键。

现代农产品加工从深度上、层次上可分为农产品初加工和农产品精深加工。

农产品初加工是指对农产品一次性的不涉及农产品内在成分改变的加工，如洗净、分级、简单包装等。

农产品精深加工是指对农产品两次以上的加工，主要是指对蛋白质资源、植物纤维资源、油脂资源、新营养资源及活性成分的提取和利用，如磨碎、搅拌、烹煮、脱水、提炼、调配等。农产品初加工使农产品发生量的变化，农产品精深加工使农产品发生质的变化。

现代农产品加工业的行业主要由农副食品加工业、食品制造业、饮料制造业、烟草制造业、纺织业、纺织服装鞋帽制造业、皮革毛皮羽毛(绒)及其制品、木材加工及木竹藤棕草制品业、家具制造业、造纸及纸制品业、橡胶制品业众多产业部门组成。

现代农产品加工及其制成品的发展趋势将向多样化、方便化、安全化、标准化、优质化方向发展。但我国农产品加工业的总体水平还远远不能满足现实发展的要求,主要表现为加工总量不足、农产品加工企业规模化水平和科技水平偏低、资源综合利用水平偏低、加工标准和质量控制体系不健全等问题。据统计,发达国家的农产品加工转化率在30%以上,我国只有2%～6%。就江苏而言,肉类加工转化率是6%～7%,蔬菜是4%,果品是3%。再如,我国稻谷加工还大多停留在"磨、碾"的水平,碎米和杂质含量高,品种混杂,口感与食用品质低。而外国的稻谷制米加工有精碾、抛光、色选等先进技术处理,成米一般可分成十几个等级,使用功能确切、食用质量好、整齐度高,可满足市场的多样选择,适于优质优价。由此可见,农产品加工业在我国仍有很大的发展空间,给农产品加工业创业项目的选择提供了很多的市场机会。

五、现代农业服务业创业项目

现代农业服务业是指以现代科技为基础,利用设备、工具、场所、信息或技能为农业生产提供服务的业务活动。农业服务业作为现代农业的重要组成部分,在拓展农业外部功能、提升农业产业地位、拓宽农民增收渠道等方面都发挥着积极作用,如良种服务、农资连锁经营服务、农产品流通服务、新型农技服务、农机跨区作业服务、农村劳动力转移培训和中介服务、现代农业信息服务、农业保险服务等。从现实情况看,我国现代农业服务业发展严重滞后、水平比较低,这些将会给现代农业服务业创业项目的选择提供了很多的市场机会。

（1）良种业服务。良种是农业增产增效的基础和关键，也是提高农产品质量的基础。随着人们生活水平由温饱向小康转变，社会对农产品质量的要求必然越来越高，这就需要对现有品种进行改造，在保持高产品种高产性能的基础上努力提高质量。此外，还要根据市场需求状况，不断调整农产品的品种结构，以满足社会各方面的需要。因此，良种业可以在优良种子的筛选、标准化服务推广等方面提供服务。

（2）农产品流通业服务。农产品流通是指农产品通过买卖的形式，从生产领域进入消费领域的交换过程。农产品收购、贮存、运输、销售构成了农产品流通渠道，是联结农户与市场的纽带，任何一个环节发生了故障，都将导致流通渠道不畅通，农产品流通受阻，农产品就卖不出去，农业生产经济效益受损失，农业再生产也无法进行。因此，必须建立顺畅、便捷、低成本的农产品商品流通网络，特别是建立和完善鲜活农产品流通的"绿色通道网"，实现省际互通，以保证农产品能货畅其流，这对于活跃农村经济、提高农产品流通效率、促进农民增收和发展现代农业具有重要作用。例如，农产品经纪人就在搞活城乡经济中应运而生，他们穿梭于城乡市场，一手牵着农民的生产，一手牵着市场的需求，在带领农民进入市场、搞活农产品流通、促进农业结构调整、帮助农民增收致富、提供各类中介服务等方面发挥重要作用。

（3）农资连锁经营业服务。农资是重要农业生产要素，目前常见的农资产品主要包括种子（种苗）、肥料、农药、农膜、农机具、饲料及添加剂等。农资连锁经营即连锁公司总部在各乡镇采用加盟和培训的方式物色农资连锁经营者，由总部配送各种品牌的农药、化肥、种子等农业生产资料，然后由农资超市分散经营，由总公司统一管理的一种经营模式。该模式是对传统农资经营模式的一种变革，主要利用遍布于各地乡村的连锁店，以电子网络为载体实施物流配送，以实现经营管理标准化、规范化的要求。

我国农资市场自 1998 年逐步放开以来,农资销售呈现出主体多元化的发展趋势。在促进农业经济发展、方便农民购买的同时,面对激烈的市场竞争,传统农资经营模式存在的问题也充分显露出来。如无序竞争加剧、窜货现象造成价格混乱、假劣农资坑农害农行为等。农资连锁经营不仅促进了农资销售的标准化、规模化,还可有效预防假冒伪劣农资产品进入流通领域,净化农资市场,保证农民用上放心农资。目前,江苏省已涌现出苏农、红太阳、宿农等一批农资连锁龙头企业。

第五章 创业计划的实施

通过策划和调研,真正确定了创业的项目,制定了创业计划书,开始实施创业计划时,你必须对创业规模、组织方式、组织机构、经营方式等方面做出决策,这将涉及一系列具体的问题,包括资金筹措、人员组合、场地选择、手续办理等。在这里,笔者将告诉你实施创业计划的一些条件准备和基本程序。

第一节 创业融资

创业者成立企业,除了一些基本工作之外,还需要创业资金。拥有的资金越多,可选择的余地就越大,成功的机会就越多。如果没有资金,一切就无从谈起。对于广大的创业者来说,创业初期最大的困难就是如何获得资金。融资的方式和渠道多种多样,创业者需要进行比较,并确定适合于自己的融资方式和途径。

下面我们对几种主要的融资渠道分别进行分析探讨。

一、自有资金

"巧妇难为无米之炊",没有资金就无从创业。虽然现实中也有一分钱不掏就开办自己企业的个案,但毕竟是少数。相反,创业者在创业初期更多的是依赖于自有资金。而且,只有拥有一定的自有资金,才有可能从外部引入资金,尤其是银行贷款。

外部资金的供给者普遍认为,如果创业者自己不投入资金,完全靠贷款等方式从外部获得资金,那么创业者就不可能对企业的经营尽心尽力。一位资深的银行贷款项目负责人毫不掩饰地说："我们要企业拥有足够的资金，只有这样，在企业陷入困境的时候，经营者才会想方设法去解决问题，而不是将烂摊子扔给银行一走了之。"至于自有资金的数量，外部资金供给者主要是看创业者投入的资金占其全部可用资金的比例，而不是资金的绝对数量。很显然，一位创业者如果把自己绝大部分的可用资金投入到即将创办的企业，就标志着创业者对自己的企业充满信心，并意味着创业者将为企业的成功付出全部的努力。这样的企业才有成功、发展的可能，外部资金供给者的资金风险就会降至最低。

另外，创业者自己投入资金的水平还取决于自己和外部资金供给者谈判时所处的谈判地位。如果创业者在某项技术或某种产品方面具有大家认同的巨大市场价值，创业者就有权自行决定自有资金投入的水平。百度搜索的创始人李彦宏因为掌握的搜索引擎技术在全世界位于三甲之列，所以外部的风险投资商没有过多地考虑李彦宏自己投入资金的数量。

二、亲戚和朋友

在创业初期，如果技术不成熟，销售不稳定，生产经营存在很多的变数，企业没有利润或者利润甚微，而且由于需要的资金量较少，则对银行和其他金融机构来说缺乏规模效益，此时，外界投资者很少愿意涉足这一阶段的融资。因此，在这一阶段，除了创业者本人，亲戚或朋友就是最主要的资金来源。

但是，从亲戚和朋友那里筹集资金也存在不少的缺点，至少包括以下几个方面：

（1）他们可能不愿意或是没有能力借钱给创业者，往往碍于情面而不得不借。

（2）在他们需要用钱的时候，他们可能因创业者的企业出现资金紧张而不好意思开口要求归还，或者创业者实在拿不出钱来归还。

(3)创业者的借款有可能危害到家庭内的亲情以及朋友之间的友情,一旦出现问题,可能连亲戚朋友都做不成。

(4)如果亲戚或朋友要求取得股东地位,就会分散创业者的控制权,若再提出相应的权益甚至特权要求,有可能对雇员、设施或利润产生负面的影响。例如,有才能的雇员可能觉得企业里到处都是裙带关系,使同事关系、工作关系的处理异常复杂,即使自己的能力再强,也很难有用武之地,逐渐萌生去意;亲戚或朋友往往利用某种特殊的关系随意免费使用企业的车辆,公车变成了私车。

一般来说,亲戚朋友不会是制造麻烦的投资者。事实上,创业者往往找一些志同道合,并且在企业经营上有互补性的朋友通过入股并直接参与经营管理,从而为企业建立一支高素质的经营管理团队,以保证企业的发展潜力。例如,井深大和盛田昭夫于1946年5月共同创办了日本索尼公司,井深大主要负责技术开发,盛田昭夫主要负责经营管理,经过两位创始人的共同努力,建立起世界一流的电子电视产品公司。

为了尽可能减少亲戚朋友关系在融资过程中出现问题,或者即使出现问题也能减少对亲戚朋友关系的负面影响,有必要签订一份融资协议。所有融资的细节(包括融资的数量、期限和利率,资金运用的限制,投资人的权利和义务,财产的清算等),最终都必须达成协议。这样有利于避免将来出现矛盾,也有利于解决可能出现的纠纷。完善各项规章制度,严格管理,必须以公事公办的态度将亲戚朋友与不熟悉的投资者的资金同等对待。任何贷款必须明确利率、期限以及本息的偿还计划。利息和红利必须按期发放,应该言而有信。

亲戚和朋友对创业者可能提供直接的资金支持,也可能出面提供融资担保以便帮助创业者获得所需要的资金,这对创业者来说同等重要。

三、银行贷款

银行很少向初创企业提供资金支持,因为风险太大。但是,在创业者能提供担保的情况下,商业银行是初创企业获得短期资金的最常见的融资渠道。如果企业的生产经营步入正轨,进入成长阶段的时候,银行也很愿意为企业提供资金。所以有人也认为,银行应视为一种企业成长融资的来源。

四、银行贷款的类型

商业银行提供的贷款种类可以根据不同的标准划分。我国目前的主要划分方式有以下几种。

(1)按照贷款的期限划分为短期贷款、中期贷款和长期贷款。在用途上,短期贷款主要用于补充企业流动资金的不足;中、长期贷款主要用于固定资产和技术改造、科技开发的投入。在期限上,短期贷款在1年以内;中期贷款在1年以上5年以下;长期贷款在5年以上。短期贷款利率相对较低,但是不能长期使用,短期内就需要归还;中长期贷款利率相对较高,但短期内不需要考虑归还的问题。企业应该根据自己的需要,合理确定贷款的期限。但有一点必须遵守的是:不能将短期贷款用于中、长期投资项目,否则企业将可能面临无法归还到期贷款的尴尬局面,有损企业的信誉。在创业初期,企业从银行获得的贷款主要是短期贷款或中期贷款。例如,广东省东莞市将普通高校大专以上学历的本市户籍毕业生纳入享受该市小额担保贷款优惠政策人员的范围。东莞户籍的大学毕业生合伙经营或组织起来创办中小企业的,根据借款人提供担保的情况,担保贷款额度分别为20万元、15万元和8万元,担保贷款期限一般不超过2年。

(2)按照贷款保全方式划分为信用贷款和担保贷款。信用贷款是指根据借款人的信誉发放的贷款。担保贷款又可以根据提供的担保方式不同分为保证贷款、抵押贷款和质押贷款。保证贷款是指以第三人承诺在借款人不能归还贷款时按约定承担一般责任或连带责任为前提而发放的贷款。抵押贷款是指以借款人或第三人的财产作为抵押物而发放的贷款。质押贷款是指以借款人或第三人的动产或权利作为质物而发放的贷款。在创业初期,企业从银行获得贷款绝大部分都要求提供银行认可的担保。例如,重庆市实施优惠政策鼓励大学生申请小额创业贷款,小额创业贷款主要采取担保人担保、不动产抵押、有价证券质押等方式;同时规定,除法人外,有稳定收入的公务员和企事业单位员工也可进行担保。

（3）贴现贷款,指贷款人以购买借款人未到期商业票据的方式发放的贷款。借款人将持有的未到期商业汇票向银行申请贴现,银行根据信贷政策进行审查,对符合条件的可按照票面金额扣除贴现日至票据到期前一日的利息后将余款支付给借款人。贴现的利率一般都低于短期贷款利率。票据贴现的贴现期限最长不得超过 6 个月,贴现期限为从贴现之日起到票据到期日止。这项业务在银行开展得比较早,但量并不大,尤其是对于信誉尚未建立的初创企业很难通过贴现获得银行资金。

（4）贴息贷款,指借款人从商业银行获得贷款的利息由政府有关机构或民间组织全额或部分负担,借款人只需要按照协议归还本金或少部分的利息。这种方式实质上就是政府或民间组织对借款人的鼓励或支持。

五、贷款的条件

借款人申请贷款时应该提供以下几个基本问题的答案:贷款数量;贷款理由;贷款时间的长短;如何偿还贷款等。

贷款的数量首先应该根据自己的实际需要来确定,太少会影响到企业的经营运作,太多又会造成不必要的浪费,还要承担高额的利息负担;其次应该根据自有资金的多少来决定。如果某一笔贷款超过企业资产的 50％，这个企业将更多地属于银行而不属于借款人。银行一般希望借款人投入更多的自有资金。第一，投入更多的自有资金使所有者对企业更加负责，更有责任感，因为企业失败的话，损失最大的是所有者。第二，如果企业没有足够的资金，也没有其他投资者愿意投入资金，这只能说明所有者和其他潜在投资者都缺乏信心，要么企业没有价值，要么经营者缺乏经营技巧，而这些对一家企业的成功是非常重要的。第三，银行想在企业一旦破产的情况下保护自己的利益。当企业破产倒闭时，债权人可以通过法院的清算来索取属于自己的权益，也就是分配企业的破产财产。若所有者投入的资金越多，债权人的权益就越能得到保障。

贷款的理由主要是指贷款获得的资金准备用来做什么。明确贷款用途，有利于银行尽快地审批。如果用于购买固定资产等资本性支出，即使企业破产还能回收或出售该资产，银行较愿意提供贷款；如果用于支付水电费、人员工资、租金等收益性支出，银行可能不太情愿。同时，银行会要求企业按照借款合同规定的用途使用资金。企业一旦违背，银行会要求提前终止合同。

贷款时间的长短与贷款的理由有密切联系。如果贷款资金准备用于购买固定资产等长期资产，贷款的期限往往较长，属于中长期贷款，但是贷款期限很少会超过这类资产的预期使用寿命。如果贷款资金用于购买原材料、支付应付账款等，贷款期限往往只有几个月，也就是补充流动资金的不足。银行很少会发放超过 5 年的贷款，除非用于购置房屋等建筑物。所以借款人不得不向银行证明企业有能力在 5 年内偿还贷款。

如何偿还贷款就是指企业准备采用什么方式来偿还。具体来说，就是采用分期还本付息、先分期付息后一次性还本，还是到期一次性还本付息。

从银行获得贷款后必须记住下面几点：一是，应该为企业的资产购买保险,以便即使出现火灾等意外损失也能从保险公司得到补偿。二是,必须严格按照借款合同的规定使用贷款资金。银行会要求企业定期提供反映企业的财务情况的可靠的财务报表,银行也可能要求企业在处置重要资产前先经过银行的同意。三是,应该保持足够的流动资金(比如现金、存货、应收账款),确保良好的清偿能力,避免因无力清偿而损害企业的声誉。

六、担保的方式

初创企业向银行申请贷款,几乎无一例外都被要求提供适当担保。如果企业是一家独资企业或合伙企业,银行还会要求各出资人提供自己的财产情况。如果到期企业不能偿还所借款项及利息,银行除了要求对企业采取法律行动以外,还要求出资人偿还该笔贷款及利息。如果企业设立为有限责任公司或股份有限公司,银行也可能要求主要股东提供个人的财产情况,甚至要求主要股东以个人名义签署贷款,而不是直接借给公司。这样的做法和独资企业或合伙企业类似,将会形成个人的负债,最终由个人承担无限责任。这就需要股东个人以其所拥有的全部财产为企业的融资提供担保。

按照《中华人民共和国担保法》的有关规定,向银行申请贷款提供的担保方式主要有以下几种:

(1)保证。保证是由第三人(保证人)为借款人的贷款履行作担保,由保证人和债权人银行约定,当借款人不能归还到期贷款本金和利息时,保证人按照约定归还本息或承担责任。具体的保证方式有两种:

一种是一般保证,另一种是连带责任保证。保证人和债权人银行在保证合同中约定,借款人不能归还到期贷款本金和利息时,由保证人承担保证责任的,为一般保证。一般保证的保证人在借款合同纠纷未经审判或者仲裁,并在借款人财产依法强制执行仍不能偿还本息前,对债权人银行可以拒绝承担保证责任。保证人和债权人银行在保证合同中约定保证人与借款人对贷款本息承担连带责任的,为连带责任保证。连带责任保证的借款人在借款合同规定的归还本息的期限届满没有归还的,债权人银行可以要求借款人履行,也可以要求保证人在其保证范围内承担保证责任。

在保证合同中对保证方式没有约定或约定不明确的,按照连带责任保证承担保证责任。保证人可以是符合法律规定的个人、法人或其他组织。不过,银行对个人提供担保的,往往要求由公务员或事业单位工作人员等有固定收入的人来担保,并且不管是谁提供担保,银行都会先进行担保人的资质审查,符合银行要求的才能成为保证人。一般情况下,银行都会要求采取连带责任保证方式进行担保,以避免繁琐的程序。

(2)抵押。抵押是指借款人或者第三人不转移对其确定的财产的占有,将其财产作为贷款的担保。当借款人不能按期归还借款本息时,债权人银行有权依照法律的规定,以该财产折价或者以拍卖、变卖该财产的价款优先受偿。借款人或第三人只能以法律规定的可以抵押的财产提供担保;法律规定不可以抵押的财产,借款人或第三人不得用于提供担保。银行一般要求借款人或者第三人提供房屋等不动产作为贷款的担保,这一类抵押合同需要去房地产管理部门办理登记手续,否则抵押合同无效。

(3)质押。质押包括权利质押和动产质押。权利质押是指借款人或者第三人以汇票、本票、债券、存款单、仓单、提单,依法可以转让的股份、股票,依法可以转让的商标专用权、专利权、著作权中的财产权,依法可以质押的其他权利作为质权标的的担保。动产质押是指借款人或者第三人将其动产移交债权人银行占有,将该动产作为贷款的担保。同样,依据法律规定,借款人不能归还到期借款本息时,银行有权以该权利或动产拍卖、变卖的价款优先受偿。实际操作中,银行一般要求以股份、债券、定期存款单等作为担保,而且若用于质押的股票价格大跌,银行随时可要求借款人提供额外担保。

七、风险投资

将自己的创业计划提供给风险投资公司或投资者,如果得到他们的认可,就可以得到他们的资助。目前,中国的风险投资公司的发展还处在初始阶段,很难找到这类投资者。

一个创业者完全依靠自己的积蓄进行创业经营活动可能是很困难的。依靠借债从事创业经营活动是当今时代很多人常用的一种方法,很多地区、企业或个人就是靠"借贷"走上发展之路的。

目前,创业者在吸引创业投资上存在以下误区。

(1)筹钱心切。常会为一点小钱出让大股份,或贱卖技术、创意,从而失去主动权。

(2)随意违约。对投资协议稍有不满就肆意毁约,结果上了资本市场的"黑名单"。

(3)过于执著。即使投资人不能提供增值性服务,仍与其捆绑在一起,而不懂得及时掉头。

(4)不负责任。烧别人的钱圆自己的梦,结果两败俱伤。

这就要求创业者引资时,一定要选那些真正有实力、能提供增值性服务、创业理念统一的投资者,哪怕这意味着暂时放弃一些眼前利益。

第二节　人员组合

选择了创业目标,制定了创业计划,明确了创业模式,确定了产品或服务方案,资金也筹措到位后,选择最佳的人员配备和组合就成了创业者的一个重要任务。

创办一个企业,如果有一个充满活力和凝聚力、具有协调性和

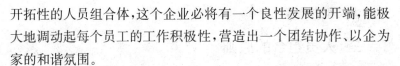

开拓性的人员组合体,这个企业必将有一个良性发展的开端,能极大地调动起每个员工的工作积极性,营造出一个团结协作、以企为家的和谐氛围。

人员的组合只有在一定的范围内,依据有关方法,遵循必要的人员组合原则和标准,才能使人力资源配置达到最佳状态。

一、人员组合的范围

人员组合是指以创办的企业的性质、工作的岗位、参与者的身份等为对象,明确人员组合的范围,如发起者、创办者、合伙者、投资者、参股者、被雇佣者、管理者、技术员、生产者等。

二、人员组合的方法

在企业的内部,由于各类人员的工作性质不同、身份不同,人员组合的方法也有差异。

(1)岗位组合法。是根据工作岗位的多少,各岗位的工作量、劳动效率、轮班次数和出勤率等因素,来组合人员的一种方法。

(2)效率组合法。是根据生产任务(工作量)和劳动效率(劳动定额)以及出勤率来确定人员组合的一种方法。这一组合主要适用以手工操作为主的企业生产。

(3)资本组合法。是根据创业者投资的多少、形式的不同来确定人员组合的一种方法。它可以分为合作组合、合伙组合、雇佣组合等人员组合形式。

(4)业务分工组合法。是根据创办企业的性质而划分的业务性质、职责范围和工作量来确定人员组合的一种方法。这种方法主要适用于企业管理人员和工程技术人员,而且应有适当的比例才能达到合理的人员组合要求。

在实际操作中,创业者可根据不同工作性质,区分各类人员的不同情况而具体运用,或把几种方法结合起来使用,以确定先进合理的人员组合方案。

三、人员组合的原则

（1）高效、精简、节约的原则。提倡兼职，充分利用工作时间，节约人力资源。简化管理层次和简化业务手续，以节约企业运行资本，形成统一、灵活和高效的指挥系统。

（2）风险共担、利益共享的原则。创业之初，因市场历练不足，难免在激烈的市场竞争中运筹时出现差错，遭受损失，创业人员应有充分的心理准备。创业者之间要做到共进退，必须通力合作，形成凝聚力，抗击风险，赢得市场，获得利益。这样，一方面是为了防止合伙者不正当地规避风险，对其他合伙者造成利益的损害；另一方面也是为了提高抗风险的能力，加强创业者之间的同心力。

（3）事业第一，亲情、友情、人情第二的原则。所谓"商场无父子"就是这个道理。创业之初，如果过多地考虑亲情、友情、人情，你的一切就被束缚，创业就不能严格管理、高效运作、令行禁止，最终就不可能有好的效益。

四、人员组合的标准

人员组合的标准是指在创办企业时，依据企业性质、生产技术条件、工作岗位设定等进行人员组合的数量限定。人员组合标准是考察所创办企业用人与组合是否先进合理的尺度。不同的创业模式，人员的组合方式和数量限定也不相同，但一般来说应遵循人员组合的相关原则进行确定。

创业之初，各种事情千头万绪，人员组合方式多样。志同道合者走到一起，共创一番事业，最佳的人员组合能使创业者迈出坚定而又成功的第一步。

第三节　确定经营方式

初创业者,规模不论大小,因为大有大的优势(大船抗风浪),小有小的好处(小船好掉头),但发展到一定程度之后,"航速"已经平稳,一切走上正轨,就不能不讲究规模与技术水平。否则永远只能在低水平上徘徊,自身难以发展。而在市场经济中,得不到发展常常也就意味着衰败的来临。

农民工创业之初,企业的自身发展常常受到各种条件或因素的局限,规模与速度都很难尽如人意。偏偏小企业抗衡市场风浪的能力又非常孱弱,于是就陷入了一个怪圈:企业小,难抗风浪,困难多,一发展甚至生存更艰难,困难更多。形象的说法叫做"穷人单吃水湿米"。

怎么解决这个难题? 各地农民朋友已经想出了许多很好的办法。主要有:

(1)股份制。就是大家各出股金,集中管理运作,共同投入于某一项目。等于是举全体之力,奋力一搏。

(2)联营制。也称"公司＋农户"。即对外是一个统一的公司,统一商标,统一营销,统购原材料,统一质量标准;对内实际上则是各家各户单独种植、养殖或加工制造,分批分类交售。

(3)协会制。就是组建行业协会,由协会统一质量标准或营销价格,各会员则自行组织生产、销售。

以上方法各有不同的适宜对象。创业中的农民工朋友们可以根据自己的情况来斟酌选择。

第四节　场地选择

1991 年 4 月 23 日,麦当劳在中国的第一个餐厅开业,由此创造了新的纪录,成为中国发展最为迅速、市场占有率最高的快餐食品。麦当劳的创始人曾经提到,商业成功中的 3 个重要因素就是选址、选址和选址。对于商业服务企业,只有选好址、立好地,才能立业、立命。有经验的企业家都能意识到选址定位的重要性。一些快餐业和超市连锁店经营失败的直接原因就是选址不当。

无论企业是刚刚开始,还是企业已经发展到成熟期,选址定位对企业的发展都是相当重要的。虽然选址要花费一定的精力、时间或金钱,但是,如果能提高成功的几率,你所投入的一切完全是值得的。

创业者在立志创业以后,在确定创业目标、拟订创业计划、筹集创业资金等的同时,要考虑创业的厂(店)址问题。对于任何企业,其所处的地理位置在很大程度上将决定企业能否成功,特别是所创企业从事零售业或服务业时店址更可能成为企业能否成功的关键。因此,创业者一定要慎重地选择企业的厂(店)址。

厂(店)址的选择与企业类型有关。开办工厂,要考虑生产必需的供水、供电、供气、通讯以及道路交通等问题。开办第三产业企业,要考虑方便顾客,着重考察客流量、进出口、供送货路径、停车场等情况。无论是办工厂还是办第三产业企业,都要考虑城市规划,不要在近期可能要拆迁的地段开办工厂或第三产业企业,要用发展的眼光考虑、分析问题。选址一般应遵循以下 5 个基本原则:

(1)比较优化原则。在选址时,应该利用他人的经验,对现有的企业进行比较分析。另外,要多渠道搜集信息。可以通过网上查询、行业组织协查、政府部门政策咨询、报纸杂志等途径收集信息,并进行细致分析,做出相应的决策。

(2)市场最优原则。寻找在都市化进程中能够自发形成商业活动的中枢热点,实现市场环境最优。

(3)经济分析有利原则。一般来说,经济投资的目的是创造利

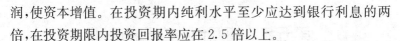

润,使资本增值。在投资期内纯利水平至少应达到银行利息的两倍,在投资期限内投资回报率应在 2.5 倍以上。

(4)发展优势原则。现实的黄金地带,往往存在着激烈的市场竞争。一个具有长远的战略性目光的企业家,往往能够发现和挖掘被竞争者们忽视的市场,选择有发展机会的小城镇或在大城市的郊区建立起大型的批购折扣商店。

(5)特殊性原则。有些企业的选址,由于行业的特殊性,需要充分考虑环保、防疫等要求。

以下举例说明。

一是猪场场址选择。要求地形开阔整齐,有足够的生产经营土地面积。地势要较高、干燥、平坦、背风向阳、有缓坡。水源要求水量充足,水质量好,便于取用和进行卫生防护,并易于消毒。水源水量要满足猪场生活用水、猪只饮用及饲养管理用水。猪场对土壤的要求是透气性好,易渗水,热容量大,这样可抑制微生物寄生虫和蚊虫的孳生。土壤中某些化学成分不足也会造成疾病发生,如缺碘会造成甲状腺肿大,碘过多则会造成斑齿和大骨节病。

猪场场址既要交通方便,又要与交通干线保持距离。距铁道和国道不少于 2 000 米,距省道不少于 2 000 米,距县乡和村道不少于 500 米,距居民点距离不少于 1 000 米,与其他畜禽场的距离不少于 3 000 米。这样可降低生产成本和防止污染环境,减少疫病传播。周围要有便于生产污水进行处理以后排放的、达到排放标准的排放水系。

二是鸡场场址选择。远离公路主干道、居民区以及村庄,与其他养禽场距离 1 000 米以上。生活区和生产区(孵化、育雏、育成和产蛋期不同阶段的生产区)要严格分开,四周建立围墙或防疫沟、防疫隔离带,各区的排布主风方向不能形成一条线。在各生产区内净道和脏道分离,饲料、雏鸡从净道进入鸡舍,淘汰鸡、鸡粪从脏道运出。

第五节　如何创办自己的企业

根据我国的相关法律,个人创业可以申请登记从事个体工商业,设立有限责任公司,设立合伙企业或设立个人独资企业。由于农民工资金有限,所以通常情况下,开办一些小商品零售及餐饮、理发、洗烫、花店、报刊零售等商店,主要是自己和家庭成员经营,这种情况下,建议你申请登记成为个体工商户。个体工商户资金没有法定要求,经营的收入归自己或家庭所有。

如果你想设立有限责任公司,就要有 2 个以上 50 个以下的股东,而且国家对注册资本有规定最低限额:以生产经营为主或以商品批发为主的公司为 50 万元;以商业零售为主的公司为 30 万元;科技开发、咨询、服务性公司为 10 万元。如果你的公司是有限责任公司,万一将来你的公司出现问题,例如倒闭、破产,公司的股东对公司所负的责任不超过出资额。创业难免会有风险,所以建议尽量采取有限责任公司的形式。

合伙企业必须有 2 个以上合伙人。法律对合伙企业的注册资金没有最低限度的要求,但合伙人应当按照合伙协议约定的出资方式、数额和缴付出资的期限,履行出资义务。合伙人的出资可以是货币、实物、土地使用权、知识产权及劳务。合伙企业的风险比较大,当企业产生债务时,要先用企业的财产抵偿,如果不够,就要由合伙人负担。所以,如果你想成立合伙企业,一定要谨慎选择合伙对象。

此外,你也可以成立个人独资企业。法律没有规定出资的最低限度,只是规定须由投资人申报出资。

(一)如何给你的企业起名字

要成立一家企业或公司,首先应该给自己的企业起一个响当当的名字。起名字除了自己的喜好外,国家也有相关的规定。企业的名称要包含以下几个基本要素:行政区划、字号、行业特征和组织形式。例如,郑州市海鸥汽车修理有限公司。其中,郑州市是行政区划,海鸥是字号,汽车修理是行业特征,有限公司是组织形式。其中,字号必须由 2 个以上的汉字组成。企业名称不得含有外国文字、汉语拼音字母、阿拉伯数字。

(二)如何办理营业执照

办理个体工商户营业执照没有注册资金限制,需要到经营所在地的工商所办理,需提交的材料有:申请人的书面申请报告;申请人的身份证复印件;个体工商户开业登记申请表;经营场地证明以及登记机关认为应提交的其他证明文件。对于经营场地,如果是利用自己家的私房开业的要递交房产产权证明、产权人把此房作为经营用房的证明;如果是租用的场地,应递交房屋租赁协议和房屋产权证明;如果经营场地在路边弄口,应递交交通、市容或城建部门的占用道路许可证或批准件。

办理私营企业的注册登记应提交的材料有:企业负责人签署的书面申请报告;申请人的身份证明;名称呈报表;设立登记申请书;出资权属证明;生产经营场地证明(经营场地如属租用房,租借时间要求在 1 年以上);以及登记机关认为应提交的其他证明文件。

办理有限责任公司需要到市政府行政服务中心,需提交身份证复印件、申请报告、投资协议、股东会决议、章程、经营场地证明、验资报告(注册资金:生产批发型公司最低 50 万元,零售公司最低 30 万元,服务型公司最低 10 万元)。企业取得营业执照后,一般应办理以下手续。

(1)刻制印章;

(2)办理《中华人民共和国组织机构代码证》;

(3)开设银行账户;

(4)办理税务登记手续;

（5）经营范围涉及后置审批项目的，3个月内到相关审批部门办理审批手续。

（三）如何进行税务登记

税务登记，也叫纳税登记。它是整个税收征收管理的首要环节，是税务机关对纳税人的开业、变动、歇业以及生产经营范围变化实行法定登记管理的一项基本制度。办理开业税务登记是纳税人必须履行的法定义务。凡经国家工商行政管理部门批准，从事生产、经营的公司等纳税人，都必须向税务机关申报税务登记。

一般说来，办理税务登记要经过如下步骤。

（1）在法定的时间内办理税务登记。在你领取营业执照之日起的30日内，你应该向主管税务机关申报办理税务登记。

（2）到主管税务机关或指定的税务登记点，填报《申请税务登记报告书》。

（3）报送有关证件或资料。办理税务登记应当提供以下材料：营业执照或其他核准执业证件；有关合同、章程、协议书；银行账号证明；居民身份证、护照或其他证明身份的合法证件；组织机构统一代码证书；税务机关要求提供的其他证件、资料。

（4）如实填写税务登记表。税务登记表的内容包括：

①企业或单位名称、法定代表人或业主姓名及其居民身份证、护照或其他合法入境证件号码；

②纳税人的住所和经营地点；

③经济性质或类型、核算方式、机构情况、隶属关系；

④生产经营范围、经营方式；

⑤注册资金（资本）、投资总额、开户银行及账号；

⑥生产经营期限、从业人数营业执照字号及执照有效期限和发照日期；

⑦财务负责人和办税人员；

⑧记账本位币、结算方式、会计年度及境外机构的名称、地址、

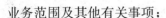

业务范围及其他有关事项；

⑨总机构名称、地址、法定代表人、主要业务范围、财务负责人；

⑩其他有关事项。

当税务登记的内容发生变化时，你还应当依法向原税务登记机关申报办理变更税务登记，需要提交的材料有：变更税务登记申请书；工商变更登记表及工商执照（注册登记执照）；纳税人变更登记内容的决议及有关证明文件；税务机关发放的原税务登记证件（正、副本和登记表等）；其他有关资料。

如果你的公司出现被工商行政管理机关吊销营业执照、解散、破产、撤销以及其他情形，需依法终止纳税义务的，应在向工商行政管理机关办理注销登记前，向原税务机关申报办理注销税务登记。办理注销税务登记时，应当提交税务注销登记申请、主管部门或董事会（职代会）的决议以及其他有关证明文件，同时向税务机关结清税款、滞纳金和罚款，缴销发票、发票领购簿和税务登记证件，经税务机关核准，办理注销税务登记手续。

当你领到税务登记证后应注意如下事项。

①税务登记证只限于纳税人本人使用，不得涂改、转借或转让。应悬挂在营业场所，并接受税务机关的查验。税务登记证件应当1年验证1次，3年更换1次。具体验证时间由省、自治区、直辖市税务局统一确定。换证时间由国家税务总局统一规定；

②遗失税务登记证后，应及时向当地税务机关写出书面报告，说明原因，提供有关证据，申请补发。

(四)如何开立银行账户

开立银行账户时，需要向银行提供营业执照，证明自己是已经法律许可、登记注册的，具有生产经营的权利；并且填写开户申请书，申请书的内容要写明申请开户理由，并按照银行提供的表格填写，要真实、准确、清楚。在银行发的开户申请表格内如实填写企业性质,以便银行区别各种经济成分,所属企业分支机构。申请书要求加盖公章,经银行检查属实,符合开业条件的就可以开户了。向银行提供盖有公章及有权支取款项人员的印监鉴卡,作为预留印鉴。开户时,需要在开户银行账号上存入一定款额。如果企业因故撤销、合并、转让、停业、迁移等,应向银行办理销户手续。

第六节　如何进行企业管理

当你已经决定了要自己创业,并且筹集到了一定的资金,也办好了营业执照,进行了税务登记,你就可以兴高采烈地开张了。但是你需要有心理准备,因为接下来你很可能会遇到各种各样的困难和麻烦。所以,你还需要了解一些企业管理的知识。

一、企业管理的原则是什么

一般来说,企业管理有几个原则是应该掌握的。

(1)以生存为首要目标。由于是新的事业,新的起点,一切都要从无到有,把自己的产品或服务卖出去,从而在市场上找到立足点,使自己生存下来。在创业阶段,你要牢记,生存是第一位的,应该避免一切危及生存的做法。

(2)赚钱才能生存。即使你创业的目的是为了帮助乡亲、服务社会,那么你的企业也只有赚钱才能生存下去。没有人愿意做赔本的买卖。在创业阶段,可能会亏损,也可能会赚钱,也可能要经历亏损和赚钱的多次反复,你的目标是要能够最终持续稳定地赚钱。

(3)要开源节流。对于想要创业的人来说,企业的钱也就是自己的钱。要千方百计增加收入、节省开支。要避免经常出现现金短缺的情况,那样你可能会发生债务危机,最终导致企业倒闭。

(4)要调动一切能调动的人力、物力。在开始创业的时候,很多情况下,每个人的分工不是那么明确的。这时候,就要哪里有需要,就往哪里去。要充分发挥所有人的优势,调动大家的积极性,不要计较得失。等将来企业发展起来了,一切都正常运作、规范了,可以每个人有明确的分工,但是这种团队协作的精神要一直保持下去。

(5)要在细节上下功夫。创业初期,自己要亲历亲为。要尝试亲自向顾客推销产品,要尝试亲自和供应商谈价钱,要亲自督促员工。只有当你亲自体验到创业的辛酸和甜蜜后,你才会懂得什么叫创业。只有对经营管理的整个细节都非常了解后,你的生意也才会越来越红火。

二、个体工商户、小型工商企业的管理经验有哪些

他山之石,可以攻玉。在自己创业的时候,要多了解他人的成功和失败的经验,从他人的例子中吸取经验教训,这样可以帮助自己的企业更快、更好的发展,少走一些不必要的弯路。由于农民工朋友创办的企业一般是从个体工商户、小型工商企业开始的,所以,这里主要介绍他们的一些经验,然后自己在实践中慢慢摸索、逐渐发展壮大,积累自己的管理经验。

企业管理是一个包含内容非常广泛的问题,而且无论是企业管理的理论还是经验都只有应用到实际中才能看出它的价值。中小企业常常面临的困难有:经营管理水平较低,没有规范的管理体系和管理制度,决策有很大的随意性,缺乏资金来源,缺乏长远规划,设备落后,技术水平低等。

如果你的企业不只是依靠你自己和家人的劳动,而是有雇佣他人的话,那么你就不再只是个体户,而是拥有一个企业了。一般来说,这样的企业管理比较复杂,包括生产管理、采购管理、财务管理、人力资源管理等。在创业之初,你可以依靠自己和家人或者亲友的努力,你们常常是自觉自愿地、高效率地完成工作任务的。但

是当企业成长到一定阶段后,你可能需要聘请新的员工,你的企业的生产、销售、服务都会变得复杂化了。在这个时候,你要记住以下的几个原则。

(1)你要给当初一起创业的人一个明确的分工。例如,某人管钱,某人管销售,某人管采购等。只有大家的分工明确了,每个人都清楚知道自己的职责,这样做事才会有效率,可以避免出岔子时互相扯皮。

(2)要保持企业的高效、快速发展。作为决策者的你,决不能墨守成规,要尝试多从新的角度思考问题,而且不要只看到一时的挫折,要发扬不屈不挠、坚持到底的精神。

(3)要留有充足的资金做后盾。这样的话就算遇到再大的意外也不怕。但这并不等于你要把所有的利润都存到银行里,你也要拿出一些钱来壮大你的企业。例如,购买新的工具或者租一个更大的场地。

(4)产品和服务才是最重要的。如果你开的是饭店,你的饭菜要做的可口、地道,你的饭店要干净、整齐,你的服务要热情、周到。如果你是开杂货店的,你卖的东西要物美价廉。只有你提供的产品是优质的、服务是周到的,你才会有越来越多的回头客,你的生意才会越来越红火。

(5)尊重你的顾客。顾客是上帝,这是永远的真理。你要永远都想着给他们提供最好的产品或服务。口口相传,你的顾客就会越来越多,你赚的钱也就会随之越来越多。

(6)要好好照顾你的员工。你不可能所有事情都亲历亲为,你离不开员工的努力和帮助。你想让他们尽自己的最大努力把工作做好,你就要适当地激励他们。这不仅是你要给他们发合理的工资,而且你要给他们创造一个快乐的工作环境。你要充分了解你的员工,例如,他们的出身、学历、经验、家庭环境以及背景、兴趣、专长等,同时还要了解员工的思想。要调动每名员工的最大积极性,使每名员工在他的工作岗位上发挥最大的潜能。

(7)要控制成本。做任何事情要以合理为宜,不要铺张浪费,勤俭节约最好。

(8)做好宣传,也就是市场营销。这里需要提醒你的是要扩大自己企业的知名度,要设法让更多的顾客知道你们做了什么,你们的产品有什么特点和优点。

(9)塑造有责任的企业形象。当你的企业走上正轨、赚钱后,你不应该忘记那些和你当年一样是个打工仔的农民工兄弟,也不应该忘记家乡的父老乡亲。如果你是在异地的城市创业,那么把一些就业机会留给进城打工的农民吧;如果你是回到家乡创业,那么用你赚的钱多帮助帮助你的乡邻。

三、如何培养你的人际关系

现代社会的发展,使人们认识到了人际关系的重要性。人际关系,也就是你与别人的关系。我们有句老话,“在家靠父母,出门靠朋友”,尤其是你要创业的时候,你的人脉对于你打开市场、疏通关系是很重要的。也许很多人会说:这话说起来简单,可是我年纪轻,关系少,人家凭什么和我打交道呢? 其实有志者,事竟成。你的关系网络会和你的企业一起成长! 因为关系网也是逐步积累、慢慢扩大的。开始建立关系时,你应该热心,多为别人设想,你帮助别人越多,别人也愿意为你付出很多。所以,即使有时帮不上大忙,也可以帮小忙。重要的是你的诚意。首先你要乐意和别人分享你的知识、你的资源(包括你的物质资源和朋友关系)、你的真诚。也许有人会抱怨自己认识的人太少,不必担心,你的关系是可以存储和扩大的,利用工作途径,把认识的人都变成你的关系网,转化成自己的资源。多和他们保持联系,说不定哪天他们就能给你帮上忙。

第七节　农民创业谨防致富陷阱

农民朋友们在选择致富项目时,必须三思而后行,千万别掉进致富路上的"陷阱"里。以下就是一些陷阱。

一、组装电器

翻看各种报刊以及信函广告,诸如电话防盗器、节能灯、书写收音两用笔等广告很多,广告称只要交保证金,就可免费领料组装,回收产品,让你获得丰厚的组装费。这类广告可疑性较大。当你交付保证金领料组装完产品送交时,此广告主常以组装不合格为由拒收,目的是骗你几千元的保证金。

二、联营加工

某些厂家在报刊刊登所谓免费供料、寻求联营加工手套或服装的广告,称只要购买他们的加工机械,交押金后可免费领料加工,厂方负责回收,你就可获得高额的加工费。结果并非如此,当你购买了他们的机械,交押金领料加工完产品送交时,厂方也会以不合格拒收,或厂家搬到异地他乡,不知去向,使你血本无归。

三、收藏古钱

某些广告谎称收藏古钱可致富,照他们的资料收藏古钱,再送到古钱币交易市场出售,就能成为富翁。这是一个铺满鲜花的陷阱,实际上并非如此,全国各地古钱币市场很少有收购古钱币的,一般只出售古钱币。即使收购,也没有资料上所标的那么高的价格。

四、养殖特种动物

一些农民信息不灵,想通过特种养殖寻找致富捷径。而不法广告主正是利用这种心理,以签订合同、法律公证、高价回收为幌子,将一些当前尚未形成市场的动物品种四处倾销,见机携款潜逃,使合同变为废纸。

五、药材高价回收

有些人打着某某药材研究所、某某药材厂的招牌,为销售种子种苗,将一些价格下滑的品种在广告中肆意吹嘘;有的将一些对环境及栽培技术有较严格要求的品种,一律说成南北皆宜,易于管理;还有的打着"联营"、"回收"等幌子骗人。

六、转让专利技术成果

有些单位或个人为了骗取所谓的技术转让费,专门提供一些成熟、虚假、无实用价值的技术,并称已获专利,专利号为某某某。一些农民向某单位接产洗衣粉,可结果产品始终无法达到广告宣称的标准。难怪一些权威人士称,按某些技术资料土法生产出来的产品绝大多数为伪劣产品。如按其提供的专利号到专利局查询,就会发现多属子虚乌有。

七、出售"超高产"、"新特优"良种

有的广告主利用农民求新异、求高产的心理,出售一些未经审(认)定的农作物品种。其所谓的"超高产"、"新特优"都是售种者自定的"名牌"。还有的将众所周知的一般品种改换一个全新的名字,迷惑引种者。

以上建议希望对农民工返乡创业决策、创业道路有所提示和帮助,也祝愿所有农民工返乡创业能成功。

第八节　提高创业谈判的能力

在创业过程中,创业者要进行一系列的谈判。谈判的结果决

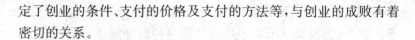

定了创业的条件、支付的价格及支付的方法等,与创业的成败有着密切的关系。

一、创业谈判的特点

农民创业谈判是个人或小团体创建的企业处于萌芽阶段进行的,这就决定了农民创业谈判的特点。

(一)谈判者有最终决定权

创业谈判只能由创业者本人完成,此时,创业者已经进入独立工作的阶段,开始运用自己或筹集来的资金,承担决策的风险。在创业谈判中,创业者要及时回答对方提出的问题,回答不能有重大失误,这就要求创业者慎重对待每一次谈判。虽然创业阶段事务繁忙,但在谈判前要静下心来,仔细思考,认真调查,制定预案。在谈判中,万一遇到难以解决的问题,可以要求对方让自己再考虑考虑,千万不要急于做出决策。

(二)谈判对象的经验往往比创业者丰富

俗话说,"买的没有卖的精"。之所以有这一现象是因为,作为卖家,不但掌握着全部信息,而且天天在市场上销售商品,已经积累了丰富的经验,有过千百次的锻炼;而买家,即使天天购买某一商品,其经验也远远不可能与卖家比。卖家的"精"是来自于经验的积累。以此来看创业者的谈判,在创业谈判中,创业者处于不精的买家地位,多数农民创业者在过去的工作、学习和生活中,握有最终决策权的谈判机会很少,不可能积累丰富的经验,但在其创业中,又不得不亲自与有着丰富经验的对手谈判,这必然使创业者处于不利的地位。创业者要看到自身的不足,尽快掌握谈判的技巧和要点,必要时,在重要的谈判中还可以请帮手,利用已有的社会资源,弥补经验上的不足,避免谈判不利对创业造成的损失。

(三)一般处于弱势的位置

从理论上讲,谈判双方无论企业大小,地位是平等的,不应该有强势,弱势的差别,但事实上,市场上是讲究实力的。在市场上打拼多年的人都知道"店大欺客,客大欺店"的现象。如果你的购买量很少,你的实力很小,在谈判中就会处于不利的地位。由于交易额少不会得到对方的重视,有时见到对方的负责人都很困难,讨价还价的余地也很小,在谈判中获得有利条件比实力雄厚的大企业要难得多。但事物都有两面性,如果用好弱势地位,也有可能以此争取更有利的条件。创业者对于这一点要有清楚地认识。要通过自身的努力利用这一地位争取更为有利的谈判结果,在谈判中,不要过分计较对方的态度,也不要自卑,特别是不能意气用事。

二、影响创业谈判能力的相关因素

提高创业谈判能力可以为创业争取更好的条件,用较少的钱办成较多的事,同时也有可能赢得对方的尊重,为今后的发展创造更好的条件。从大量的谈判案例中可以看到,农民创业者要提高谈判能力可以从这8个方面着手。

(一)需求

需求与谈判能力成反比,即,需求越强,在谈判中的能力越弱。如在房屋租赁的谈判中,如果创业者一方迫切地需要租用某一房屋,而出租方既可以自用,也可以闲置,并不急于出租,此时谈判的能力将偏向于出租方。反过来说,如果出租方的房屋闲置多年,同时又急需用钱,迫切希望将房出租出去,但等了很长时间也没有人来谈,而创业者可以租用此房,也有其他选择时,谈判能力将偏向于创业者。有经验的谈判人不会暴露自己的需求,用一颗平常心会提高谈判能力。

(二)选择

创业者在相关谈判中,如果一切还没有最终确定,还有较大的调整余地,就有一定的选择权,这是提高自己谈判能力的重要条件。如果能够充分利用市场上商家的竞争,即使是经验不丰富的谈判者也可以取得有利的地位,反之,如果一切都已经确定,选择的余地很小,或者根本没有选择,会在谈判中陷入被动。在市场上争取更多选择的机会,并明示或暗示于谈判对象,可以提高谈判的能力。

(三)时间

这里的时间指两个方面,一是指用于谈判的时间,如果创业者工作繁忙,时间紧迫,只能在百忙之中抽出一点时间谈判,不能为谈判做好充分的准备,必将降低创业者的谈判能力。另外,如果在创业计划中已经排出了时间表,谈判的最后期限已经确定而且不好改变时,在谈判中要取得有利的条件和主动将非常困难。反之,如果对方时间非常紧张,有一个最后的时间表,创业者则有可能得到有利的地位。

(四)关系

市场上,所有企业都有一定数量的关系户,这些关系户长期使用或销售企业的产品,或向企业提供原材料等,成为企业生存的基本支持,与企业有明显的依存关系。在谈判中,如果对方能够认可创业者有可能在未来为自身带来长远利益,成为合作伙伴,则会在谈判中给予一定的优惠,在一定程度上提高谈判力。反之,对方认为商谈的只是一次性买卖,不可能有长期的合作关系,为确保自己的利益,能够给予的优惠条件就非常有限。

(五)投入

在谈判中,双方投入的多少对谈判能力也会产生一定的影响。如,为了采购一台设备,几个创业者跑了几百公里,已经用了两天,吃住和路费已经花了800多元,在洽谈购买设备的价格时,创业者会考虑到,如果让对方再降1 000元,谈判可能没有最终结果,此后再去一个地方谈,还要花费400元。这时,很可能不再去冒风险要求对方降价,已经使自身处于不利的地位。反之,如果是对方花费了大量的精力,来到我方所在地,则对方处于相对不利的地位。在谈判中,前期投入多的一方往往会处于更不利的地位。

(六)信誉

商品和人品的信誉也是谈判中的有利条件。有些商品已经在市场上获得了良好的口碑,有品牌优势,在谈判中就能够占据有利的位置。有些人在当地有良好的信誉,在谈判中也会处于有利的地位。而创业者初涉市场,不可能在商品和服务上有良好的口碑,利用这一点取得有利的地位很难。但注意从进入市场开始就建立商品和人品的信誉,能够为今后企业的发展打下基础。

(七)信息

掌握广泛的信息无疑是谈判中重要的筹码之一。如果你充分了解对方的问题和需求,甚至能够掌握谈判方的个人信息,无疑增强了谈判力。反之,如果对方拥有更多的相关信息,对我方有充分的了解,对方就有较强的谈判力。由于创业谈判中涉及的问题既多又杂,创业者在信息这方面很难有优势,但要尽可能地收集最必要的信息,以增加自身在谈判中的筹码。同时,在谈判中还要向有关专家咨询。如果在谈判中对方看到了创业者带来了业内专家,或从交谈中了解到创业者已经掌握了行业内的基本信息,会提高创业者的谈判能力。

(八)技能

谈判的技能包含很多内容。谈判中既要察言观色,又要有逻辑思维和口才,还要有一定的分析判断能力等等。谈判的技能一部分来源于个人的天资,但主要来源于创业者的学习及在商场上经验的积累。从调查来看,有些年轻的创业者虽然进入市场的时间不长,但由于善于总结经验,注重学习和培训,有较高的谈判技能,而有些人虽然有较长时间的经商历史,但不注重学习和总结,谈判的能力并不强。

三、创业谈判的注意事项

由于创业者缺乏经验，又在谈判中承担着最终决策者的职责，而谈判中的结果都会对创业带来一定的影响，所以，在创业谈判中要特别注意以下问题。

(一)谈判前尽可能全面地收集信息

从前面的案例可见，谈判中对信息的掌握是非常重要的筹码。谈判前需要掌握的信息很多，主要有 4 个方面：一是谈判企业的信息，包括企业的性质、企业的历史、当前的业务状况、企业提供的商品和服务在市场上的口碑，谁拥有企业的最终决策权，该企业在谈判中惯常的做法等；二是可替代产品或服务的信息，包括相关企业的信息，这些企业提供商品或服务的性价比，与谈判方提供商品或服务的比较等；三是谈判内容涉及的有关信息，包括历史上该商品或服务的价格、技术性能指标、市场行情、影响行情的因素变化等；四是在有可能的条件下，掌握谈判方个人的信息，如其历史、爱好、兴趣、主要社会关系等。了解以上信息，可以在谈判中得到更有利的条件。

(二)事先制定谈判的预案

在重大谈判前，创业者对谈判的可能结果要有设想，要确定自己的谈判条件。要设想如果对方不能满足自己的要求时可以做哪些让步及怎样让步。如果对方不让步，还可以有哪些相应的条件和措施。如果对方提出我方意外的条件和要求时需要怎么办。在谈判涉及的内容较多时，还可以做几个预案。在多人参与谈判时，谈判前要商议预案的内容，对谈判进行分工。在准备工作完成时，创业者感到分工和谈判的内容已经明确时才可以前去谈判。没有充分的准备，在谈判现场临时决定，以及有明确分工和谈判的方案就以小组的形式前去谈判，特别容易在谈判中陷入被动。

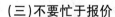

（三）不要忙于报价

对于涉及金额较大的谈判，同时又对行情了解不够的条件下，一般不要急于报价。有些商品和服务的价格弹性较大，从不同的角度衡量，以不同的方法计算会有不同的结果。如 2001 年我国河南农民利用 3 年时间，投入近 30 万元发明了一种机器，发明者拥有全部知识产权，拥有几项专利。起初，发明的机器仅用于企业对外加工。后来马来西亚的一家企业找上门来表示希望购买这一机器回国使用，让这些农民报价。几个农民根据成本加成法，考虑了机器生产的成本加 100％的利润，报出了 18 万元的价格。谈判时对方非常爽快地同意了这一价格。在机器运走前，马来西亚商人透露，考虑到这一机器是全新的发明，他们原准备以 120 万元购买，而谈判的结果让他们捡了个大便宜。几个农民知道后后悔不已，几天没有睡好觉。

（四）不要贪小便宜

以微小的让步促使谈判成功，从而确保自身的更大利益是谈判最常用的策略之一。对于没有经验的谈判者，如果被对方的小让步吸引，会有较大的损失。创业者一方面缺乏经验，容易为对方的小让步迷惑；另一方面在谈判中又处于弱势，有时会感到对方的让步来之不易，而忽视对大局的把握。

（五）要考虑长远利益与关系

商业活动需要大量的合作伙伴，与创业者谈判的并非竞争对手，多数是合作伙伴或潜在的合作伙伴。在谈判中，一方面要为自己争利益，另一方面也要注意不损害对方的利益。既不要使用欺骗手法，也不要乘人之危，而要使谈判的结果实现双赢。在谈判中要记住，做生意的另一面是做朋友，只有在商场上有了足够数量的合作伙伴，企业才有可能立于不败之地。在谈判结束时，无论该谈判是否成功，也要为以后可能的合作留下余地，使每一次谈判都扩大自己的合作伙伴。

(六)谈判条件要留有余地

在创业谈判中,有些条款是刚性的,是创业者的底线,超过这一底线就不能再谈了,但既然是谈判,就需要有可商议的条款,要有弹性的条件。如果只有一个条件,只能让对方在同意和不同意间选择,就失去了谈判的灵活性,这种谈判很难达成有利于双方的条款。在谈判前,要认真考虑相关的谈判条件,要有多种预案,要为对方留下一定的空间,谈判的态度要坚决,要保护自己的利益,同时谈判的方法要灵活,要让对方感到通过谈判可以为自己争取利益,愿意谈下去。

(七)要赢得对方的好感

在重大创业谈判中,很少有人一开始就进入主题,商议关键的条款。此时,双方的话题还未展开,对于对方也不了解,这时就谈关键问题容易使谈判陷入僵局。多数情况下,是先聊聊双方感兴趣的话题,平和心态,双方关系初步融洽时再开始谈判。谈判最忌盛气凌人,居高临下。如果对方对你没有好感,在谈判中很容易吃亏上当。我国著名收藏家马未都曾讲过这样一个故事,一次他们去古玩市场,其中,一个生意人在市场上看中一个瓷碗,他用脚指着碗对蹲在哪儿的卖碗人说,"嘿,这玩意多少钱?"对方冷冷地看了看他,"一万二",经过一番讨价还价,最终这个生意人用 1 000 元买了一个只值 20 元的碗。此事说明,对方对你没有好感时,谈判的结果往往不利。

(八)思索要快,说话要慢

在谈判中,创业者所说的每一句话都会成为对方的条件,快人快语容易吃亏。谈判中切记,要想好了再说话,宁可少说话,不要说错话。谈判虽然有时有一定的时间用于聊天,但这种聊天与朋友间的聊天完全不同,不能将朋友间聊天的习惯用到谈判中。要慎重对待自己所说的每一句话,要对自己的话负责。在谈判中,思考一定要快,既要考虑对方的条件和话中的含义,又要察言观色,认识对方的真实意图,同时,还要斟酌自己的用词,使之正确表达己方的意图。

(九)要把握时机,善于决策

谈判中对于时机的把握有着重要的意义。当谈判的条款达到了我方的预计,可以接受时,要考虑是否立刻接受条件,结束谈判。因为此时如果再继续谈下去,有时条件反而会向不利于我方转变。另外,谈判的目的是为创业创造良好的条件,达到这一目是最重要的。迟迟不做决定,有时会丧失可以得到的时机。把握时机的关键是谈判前做好预案,根据预案设想决定谈判在什么条件下即可结束。没有事先的准备,仅凭借谈判时的判断,不容易把握好时机。

(十)从谈判的目的出发展示不同的自己

在谈判中以什么面貌出现也是值得注意的问题,仅仅以自己的日常面貌出现有时不利于创业。俗话说,到什么山唱什么歌,在谈判中要针对不同的对象,根据不同的目的,展示自己不同的方面。一般来说,在购物谈判中,不宜以有钱人的面貌出现。要让对方感到你购买这一物品力不从心,已经尽了最大努力时,有利于压低商品的价格。但在争取代理权,争取加工合同,争取贷款,争取外来投资,以及在与进出口商等的谈判中,往往需要展示自己有实力的一面,这样才能得到对方的信任。在这种谈判中,不少新创业的企业虽然没有好车也要租一辆或借一辆去参加谈判。在谈判中还要穿上高档服装,戴一块好表。因为在此时,如果对方感到你没有实力,没有能力,就不愿意与你深谈,从而失去了发展业务的机会。

创业谈判既是一项技能,又是一门艺术,成为一个有能力的谈判人是不容易的。在创业谈判中需要注意的问题还很多,但把握住基本要点,并进行一定的努力,完全可以保证创业的成功。

四、谈判的进程

我们可以通过一次租房的谈判认识创业谈判的过程和内容。

2006 年,河北省定州市返乡农民程某拟在县城开饭馆。经过多次考察和了解,选定了鹏程小区的一间临街铺面房。对方开价1 200元/月。通过谈判,双方达成最后的租房条件。下面是程某谈判的过程及内容。

上午 9 点半,程某敲开鹏程小区物业办公室的门,"您好,我叫程某,昨天打电话预约过,听说你这里的铺面房要出租。"

房主说:"是,铺面房使用面积 120 平方米,以前租用者做过装修,还留有空调等,由于这里的地理位置相对较好,所以房子租金要高些,要 1 200元/月,请问你需要租多长时间?"

程某说:"我想先租两年,你看房租还可以少一点吗?"

房主这时说:"你也不要多还价了,可少 100 元,不过事先说明,水电费是你们自己出。"

程某接着说:"你看,我们租的房子处于背阴区,太阳整天都不能照射进来,房间里面的光线不强,开业后要大量的照明用电,所以希望房租还能少一点。"

房主说,"对于你说的这些我已经考虑过了,所以我一开始就少要了你 100 元,你也不要让我再少点,你开个价看我能接受不?"

这时程某就说:"如果我一次付清两年房租,800 元一个月是合理的价格。"

听了程某的话,房主说:"一次付清房租可以优惠,但你也知道这一地区铺面房都很紧张,在你来以前已经有很多人看过房子,我都是1200 元/月,对于你,我已经少要了 100 元,你看我已经做出让步了,你说的 800 元/月这个价太低了,按我说的价,你租这房子一点也不亏。"

这时程某说："前几天我曾来看过,我们租的房子里面的装修不是很完整,我还需要花至少半个月装修,装修也需要不少投入,是否能再优惠一些?"

这时房主说："看你这人比较直爽,我就给你 1 000 元/月,你就不要再还价了。"

程某还想再做一次努力,说："你也不要说 1 000,我也不再还价,就 900 吧,要是可以,我们就签合同,你看怎么样?"

房主考虑后回答说："这个价真的不能再少了,我这已经是周边最低的价了,你再考虑一下。"

程某考虑了一会儿,心想这个价与周边相比已经比较低了,如果再谈下去很难有什么作用,就回答房主说："就按你说的 1 000 元/月,我们签合同吧。"

这次谈判成功,程某以预想的价格租到想要的房子。房主可收到两年的租金,对价格也满意。

从上面的谈判我们可看到,谈判首先是双方准备条件的过程,物业公司已经有长期的出租经验,清楚当地的价格和需求,有谈判的底线和基本条件。创业的程某也有一定的调查,心中有出价的预想。其次是商讨条件和价格的阶段,条件和价格是紧密联系的,要压低价格,相应地需要一些条件,准备这些条件是谈判中的重要内容,谈判的结果与条件的准备有很大关系。最后是决策阶段,如果谈好条件不能决策,则谈判就没有结果。当条件基本满足创业要求时,还需要创业者下决心拍板,完成创业这一阶段的工作。另外,为节省谈判的时间,在谈判前还要与对方预约,双方都有思想上和条件上的准备,谈判时,最好按预约的时间到,一方面不要引起对方的反感,另一方面,也保证能够使谈判准时进行。

第九节　签订创业合同

创业谈判的结果有的是当场成交,有的则还要进入下一步:签订合同。如租房,商品订购,大宗商品交易等。连锁经营也要先签订连锁经营合同,以后在经营管理中还需要签订大量合同。

创业者需要学会在签订合同中识别合同中的问题,保护自己的利益,同时也要学会通过签订合同建立合作关系。

一、创业者需要签订哪些合同

根据调查,绝大多数创业者需要签订以下合同。

(一)租赁合同

绝大多数创业者需要租用土地、房屋,有些创业者还需要租赁部分设备,车辆。而租赁合同涉及的金额较大,时间较长,对创业成败的影响很大。如有的创业者签订的租赁场地合同规定的租期很短,合同到期后,对方可以提高租金。此时,企业搬迁损失很大,不搬负担加大,陷入两难的境地。也有的创业者在租用农田后又进行了改造,由于合同规定的租期短,农田改造刚刚见到成效,合同就到期了,此时出租方既可以提高租金,又可以回收土地,而创业者处于非常不利的地位。另一方面,创业又有前景不确定的特点,如果将租期定得很长,一旦创业不利或创业后发展较快,都需要对场地、场所等进行调整。此时,过长的租期会使创业者处于两难的位置,也不利于创业。

(二)购销合同

所有的创业者都会签订购销合同。创业的生产型企业所需要的原材料,零部件以及设备等需要购买,有些设备还需要定制,完成这些需要与销售方或生产方签订采购合同。创业期间,企业常常委托批发商、超市、代理商组织销售,这些工作也要签订合同。从社会现时来看,部分老企业由于有长期业务关系,可以通过口头协议完成交易,而创业企业在市场上缺少这种关系和信任,产品的销售多需要签订销售合同。

（三）用工合同

多数农民创业企业中的员工虽然少，但根据国家规定，对所招收的员工也需要签订用工合同。签订用工合同既是对企业的一种约束，使企业有了义务，有了压力，同时也是对员工的一种约束和保障。从企业发展的实际可以看出，企业的发展离不开员工的努力，通过与员工签订合同，员工感到自己的利益有保障，有利于发挥员工的积极性和创造性，使员工与企业共同发展。

（四）技术合同

技术是企业发展的主要动力之一，是提高竞争能力的关键因素。对于生产和经营性企业来说，需要有关部门为其提供科技服务，需要购买相关技术，需要与有关企业或单位签订科技服务、科技开发、科技咨询等合同。通过这类合同，可以发挥科技单位的作用，促进企业的技术进步，在市场上取得更为有利的位置。

（五）代理合同

代理合同中有销售代理、委托代理、广告代理等。诸多小企业在创业中采用代理方式销售其他企业的产品，就要通过代理合同明确双方的权利、业务和责任。同时，也有大量的小企业通过委托代理的方式等，将自己生产的产品销售到全国甚至世界各地。还有大量的创业小企业将内部事务交有关代理机构负责处理，如目前就有不少小企业将企业的会计业务甚至部分办公业务交有关公司办理。这样不但减少了开支，而且也能保证业务的专业水平，在这些事务中，有不少需要签订服务代理合同。

除上述合同外，创业企业还经常需要签订运输合同、工程合同、仓储合同、承包合同、保险合同、外贸合同等；可以说，合同涉及企业对外业务的各个方面，签订合同是创业者处理相关业务不可缺少的一个环节。

二、合同的主要内容

虽说创业合同可以有口头和书面两种形式，但口头合同缺乏证据，即所谓空口无凭，倘若发生纠纷解决比较困难，故涉及较大金额和较长时间，内容比较复杂的事物多用书面合同。

创业涉及的书面合同一般包含以下内容。

(一)当事人的基本情况

如果当事人是自然人，要注明姓名，同时要写明其户口所在地或经常居住的地方。法人则写明其名称、单位负责人、办事机构的地址、电话、传真等。

(二)标的

即合同中双方商谈的各自权利与义务。合同标的条款必须清楚地写明双方确定的各自权利和义务的名称与范围。如，所租是哪一房屋，承包的是哪一块土地等。

(三)质量和数量

质量和数量的内容要十分详细和具体，要有技术指标、质量要求、规格、型号等。数量条款也要确切。首先，应选择双方共同接受的计量单位；其次，要确定双方认可的计量方法；再次，还需要规定可以允许的合理误差，以及产生误差后的解决办法。如，双方谈定甲方购买乙方的 500 箱苹果，但在装车时发现，所定的运输车辆只能装 482 箱。如果合同中没有规定合理的误差，会给合同履行带来不少问题。

(四)价款或报酬

在合同中，除应当注意采用大小写来表明价款外，还应当注意在部分合同中价款的其他内容。如有的合同价款内容中还要有对于运费、保险费、装卸费、保管费等的规定。

(五)履行期限

指履行合同内容的时间界限。合同要在哪一时间段内履行,提前时有什么规定,超过时间后如何解决。如果是分期履行,还要列出分期的时间。

(六)履行的地点和方式

合同中还需要列出在何地,以何种方式履行合同的内容。

(七)违约责任

违约责任是因合同一方当事人或双方当事人的过错,造成合同不能履行或不能完全履行,过错方应承担的民事责任。增加违约责任条件可促使合同当事人履行合同义务,对维护合同当事人的利益关系重大,也是谈判的重要内容之一,谈判双方在合同中应对此予以明确。另一方面,违约责任是法律责任,即使在合同中当事人没有约定违约责任条款,只要当事人未依法予以免除,则违约方仍要承担相应的民事责任。

(八)解决争议的方法

当事人可以在合同中约定对于合同执行中发生争议的解决办法。一般情况下,谈判双方对争议应首先自己协商,如果协商不能解决,则还需要列出,是通过仲裁还是通过法院来解决纠纷。

(九)合同中约定的其他内容

如合同的份数、签订的时间及签订人等。一份内容完整的合同在双方签字或盖章后就有了法律效力。

三、签订合同时需要注意哪些问题

合同签订的好坏对创业企业影响重大,然而,创业者在企业初创时要面对各种各样的问题,全部处理好是非常困难的。如果有条件,创业者应设法结交法律界的朋友。如律师、司法人员,其他企业法律办公室的工作人员、学校的法律教师等;在签订重大合同

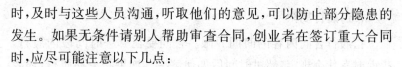

时,及时与这些人员沟通,听取他们的意见,可以防止部分隐患的发生。如果无条件请别人帮助审查合同,创业者在签订重大合同时,应尽可能注意以下几点:

（一）坚持签订书面合同

口头协议办事非常方便,然而一旦对方失信,容易引发纠纷。从我国的情况看,我国有不少地区的中小企业长期通过彼此的信任开展业务,不签订合同也取得了良好的发展,有的企业也能够做到一定的规模。但是,也确有不少企业因没有合同的保护吃了哑巴亏。有的企业仅凭对方的电报、电话、发货通知单就进行交易,给合同履行带来隐患。从业务关系来看,认真签订合同并不影响双方的业务和朋友关系,对合同的认真态度甚至会使业务关系更为紧密,那些不愿意签订正式合同的单位和个人反而令对方感到不信任。在企业业务上认真和计较与朋友关系要分开,对于企业的业务不要好面子,要认真对待,吃亏占便宜都在明面上,这对创业者及业务关系户都有好处。

（二）掌握对方的详细信息

创业中,一份合同是否有效的关键常常不在于合同条款的内容如何,而在于我们与谁签订合同。如果是一个有信誉、有能力、有实力,并希望与我们建立长期合作关系的单位,即使合同的签订中有一些问题,也不会造成严重的影响。相反,如果签订合同的对方是虚假单位,好的合同也不会有实际的效益。所以签订合同前了解对方的详细情况比合同的文字表述更为重要。如,有的创业者在租赁房屋时不是与房屋的所有者签订合同,而是与租房户签,这样的合同很难保证创业者的利益。又如,在供销合同中与根本就没有实力的供应或销售企业签订合同,执行中只能是听天由命,根本没有保证。创业者要认真对待合同,同时也不能过分依赖合同。签订合同前一定要认真调查研究,要了解签订合同的对象,特别要从多个方面了解对方的真实情况,了解企业的行事作风,了解企业负责人的信誉和口碑。

(三)违法合同无效

合同的效力要建立在符合基本法律法规的基础之上,有违法内容的合同是无效合同。如城市居民购买农民的住房,购买农村的土地开办企业,都是违法的,这种合同不受法律保护。仿造证明,冒充当事人等也是违法行为,签订的也是无效合同。另外,买空卖空、私自转让以及通过行贿签订的合同也是违法合同。当事人签订的合同是否符合法律的有关规定是个比较复杂的问题。只有在创业者十分明确,所签合同完全符合有关法律法规的条件下,才可以签订相关的合同。如果对合同内容是否违法并不完全清楚,最好在签订合同前就合同的内容,特别是认识不明确的地方咨询司法人员,以确保所签的合同正确而且有效。

(四)要有可靠的担保人

有些合同涉及的金额较大,如果签订合同的另一方在履行合同中有一定的风险,则需要在合同的签订中规定担保人,以此确保义务的履行和权利的实现。合同担保一方面是督促债务的履行;另一方面是确保债权的实现。片面地将合同的担保理解为确保债务的履行或确保债权的实现都是不全面的。一般来说,创业者对于合同的担保人要有比较全面的了解,以保证担保的可靠性;同时,担保人要有较强的经济实力,能够在发生问题时起到保证合同履行的作用。多数情况下,担保会增加签订合同的工作量,但一份切实可行的合同找到担保人并没有太大的困难。同时,要求担保,可以对合同的内容进行更深入的验证,有助于防止意外的损失。再有,合同保证人应是保证债务人履行债务的自然人、法人或者其他经济组织。《中华人民共和国担保法》规定:国家机关、学校、医院等以公益事业为主的事业单位,社会团体不得作为担保人;企业法人的分支机构、职能部门不得作为担保人,但企业法人的分支机构有法人出面授权的,可以在授权范围内提供担保。最后还要注意担保期限和担保时效方面的问题。

(五)权利义务内容要具体明确

在生活中,有些事物看来很明确,但用文字准确表达有一定的难度。而在经济合同中,含混的表达往往使企业真实的意图不能为对方所理解。如水果采购商委托收购水果,仅仅说是收购上好的水果,则收购的果品多数情况下不会满足收购商的要求。此时,往往要对所收购果品的色泽、大小、外形、甜度等进行详细的描述,在大多数情况下还需要备有样品,这样合同才能明确。在土地租赁合同中,除了文字的表述外,一定要有双方盖章认可的位置图,以防止日后出现对土地位置的不同理解。对于加工产品,不但要有设计图,而且还需要有使用的材料及达到相关性能等要求的说明。对于工程服务等的质量要求,虽然不易表述,但如果要签订正式合同,也要有明确双方权利义务的具体内容,否则,不但自己的利益得不到保证,而且会给合作方留下不好的印象。

(六)尽可能在本地签订合同

近几年,少数公司利用人们急于交易的心理,许诺有较大量的交易,但坚持要创业者到对方所在地去签订合同。有时,签订合同的区域与创业者所在地有几千千米之遥,待人到了地方,对方的条件马上发生重大变化。此时,签订合同肯定吃亏,如不签,自己跑了几千米路,花了大量的时间,也不合适。对于创业的小企业来说,由于业务关系少,对外界了解少,在没有把握的情况下,业务尽可能在可以了解的周边区域或者商业信誉较好的大城市做。对于路途遥远的陌生地区需要保持一定的警惕,宁可盈利少一些,也要风险小一些。如果对方真有诚意,完全可以想出办法,没有必要一定要企业派人到几千里外去洽谈业务,签订合同。

第十节　农民创业中的其他问题

一、创业前给公司起名

开店办公司取名字,要好听,容易记,叫起来响亮,有特殊含义,不要取生僻,难认,滑稽,戏说的名字,念的谐音不要有负面的意义。

工商局核准名字的原则是字号在区域内同行业不得相同或相近,以免产生混淆。比如说,在安徽省马鞍山市申请成立"好再来"饮食店,别人先注册了,你就不能用它。

一般建议你找到当地的电话号码簿、黄页资料,翻到你要注册的那类,看看同行业的企业都取什么样的名字,取了哪些名字,你为了不至重复应取其他的名字,这样通过的可能性就大些。

二、创业前给企业选址

对于一个企业来说,所处的环境至关重要。以下是企业选址时常考虑的因素。

(1)人口和交通情况。人口密集的地区,会为门市生意带来大量的顾客。交通越方便,越会使企业运转得心应手。

(2)周围竞争情况。假如该地区存在大量的相同企业,可能会有两种情况:第一种情况是成行成市带旺了那一个区域。例如,电脑市场,那里电脑店面云集,生意反而会更好做。另一种情况就是,附近的店铺,会构成同行间的严重竞争。例如大家同样是百货商店,只相隔几米远,便会造成巨大的竞争。

(3)原料的供应情况。假如企业所在地邻近原料供应场所,则企业会在生产上得到较大的方便。

(4)劳动力供给情况。每一个区域或地区都有自己的工作标准,公司选址原则上以劳动力工资标准较低地区为宜,不过同时要考虑地方是否太偏僻,是否有人愿意来上班。

我们经常看到有些新开的商店,没几天就关门了,最常见的原因就是位置选择不当。由此可见位置可以决定商店经营的种类与方式。

三、办理企业营业执照需要审批程序

我国目前进入许多行业投资要受到政府管制。要想经营先得经过一些主管部门批准,然后才能到工商部门注册,这就是前置审批。譬如:

(1)开饭店,由环保局、卫生防疫站审批。

(2)卖食品,由卫生防疫站审批。

(3)开药店,由卫生局审批。

(4)开歌厅、舞厅,由文化局、公安局审批。

(5)开美容美发店,由公安局、卫生防疫站审批。

(6)开旅馆、招待所,由公安局审批。

(7)开书店,由文化局审批。

(8)搞废品收购,由公安局审批。

(9)开网吧,由文化局、电信局、公安局审批。

(10)做中介、经纪人,由工商局审批。

(11)办职业介绍、劳务中介,由劳动保障部门审批。

(12)办私立幼儿园、学校,由教育局审批。

(13)办养老院,由民政局审批。

目前,政府放松行业准入后前置审批变化很大。需事先打听好,否则会批不出来而前功尽弃。

四、开业典礼需要做的准备

不少人愿意把企业的开业典礼搞得风光一些,有的买鞭炮就花了上万元钱,宴席摆了几十桌,这些有必要吗?

其实开张可以简朴些、实惠些,把那些开张的钱换成优惠券送给乡亲、邻里、社区,这样效果会更好,可以给你带来良好的口碑。开张前须做如下准备。

(1)员工业务能力训练。

(2)接待人员合理分工。

(3)选好主持人、司仪、摄像、活动总管。

(4)提前通知目标或重点客户(发请柬)。

(5)设计、印刷、散发开张宣传品(含优惠券)。

(6)店铺内外喜庆布置(拉横幅,橱窗装饰)。

(7)样品摆放到位,商品要明码标价。

(8)请贵宾准备好发言。

(9)简单演练开张过程,以便改正。

五、小生意也值得做

如果一心想做大生意,到头来由于各种因素的限制,结果可能一笔生意也未成交。好高骛远,脱离实际,往往是徒劳而归。对于新创业的公司来说,找到客户,有业务做,尽管这笔生意利润并不可观,但只要有业务做总是值得庆幸的。万事开头难,有了第一笔生意,就会有第二笔、第三笔……因为客户已为你敞开了大门。同时不要小视小生意,船小好掉头,生意小易成交,积少成多,毕竟是有钱赚的。

因此农民工在创业初期不放过每一笔生意,即使是一笔利润很少的生意,为了抓住客户,也要认认真真地来做。时间一长,你就会发现,你的客户越来越多,你的生意也越来越红火。

六、如何计算成本

毫无疑问,做生意最重要的是营利,成本越少,利润越高,就越是成功,换言之,成败与否,要由利润和成本之间的关系而定。因此,农民工一定要会计算成本,以成本作为利润盈亏的准绳尺度。

最直接的成本,是货品的来价、员工薪金、店馆或办公室的租金、公司设施、水电费等,把毛利扣除这些开支后,还有剩余,那就是利润。但计算下来,若毛利不足以支付成本,就是有亏损。

开公司的人都想买入一些销路佳的货品,低价买入高价卖出也好,或是薄利多销也好,最紧要的是有钱赚。不过,在购入各种货品时,谁也不能保证每种货品皆有好销路。因此,在计算成本时,一定要弄清哪些货品畅销,哪些货品滞销。畅销货以后可以多购进一些,滞销货以后要尽量减少购进量。

七、制作广告原则

现在的社会是一个产品竞争异常激烈的商品社会,经营者要想在竞争中胜出,就要尽可能让消费者认识自己,而广告宣传就能起到这个效果。所以,做广告是企业进行市场竞争的一个不可缺少的手段。但并不是所有的广告都能得到消费者的关注和认可。制作广告必须要遵守一定的原则。

一般而言,广告制作通常要遵守五个原则,即关注、兴趣、欲望、记忆、行动。

(1)关注。广告首先要唤起人们关注,这是广告表现的基本作用。至于如何唤起人们关注,可采取各种办法,如用特大标题,动听的音乐,吸引人的报道等。

(2)兴趣。就是说广告表现必须使人发生兴趣。这需要了解消费者的心理。只有感兴趣,人们才会想购买。

(3)欲望。这是指通过广告宣传,要使购买者产生购买的欲望。

(4)记忆。这是指广告表现能给人们留下深刻的印象和记忆。印象很浅,看(听)完就完了,达不到宣传的目的。

(5)行动。这是指通过宣传,使消费者产生购买行动,这是广告宣传的最后目的。

八、橱窗广告做法

橱窗广告是零售商业常用的,也是最主要的一种广告形式,已经越来越引起人们的重视。从经营者角度看,橱窗是最能集中反映商店经营活动的特点的。从消费者角度看,橱窗已成为衡量一个商店商品是否充裕新颖的标志,对人们的购买有很大的影响。因此,如何充分利用橱窗广告,对一个零售商店来说是十分重要的。搞得好,对宣传商品,招徕顾客,扩大销售,提高企业声誉,都会起到积极作用。

橱窗陈列,最要紧的是要有真实感,即橱窗内容和商店经营实际相一致,卖什么,布置什么,不能把现在不经营的商品摆上,让顾客感到橱窗只是做做样子而已。还要注意丰满感,这是一切商品陈列的基础,缺了这个就会使顾客感到商品单薄,没有什么可买的。

最后,要注意突出重点,要选择有代表性的、最能吸引顾客、引起顾客购买欲望的商品作广告。要做到布局得当,色彩协调,醒目新颖,有艺术性。

九、悬挂招牌广告做法

招牌广告对于招徕顾客是大有作用的。如果餐厅不挂牌别人又何以知道你卖的什么饭? 如果药店不挂牌,别人又何以知道你卖的什么药? 如果鞋店、布店、百货店不挂牌,别人又何以知道你卖的什么鞋,什么布,什么百货呢?

当然,招牌的挂法可以因行业、店铺、货品不同而异,不能千篇一律。如有的商品要突出介绍商品产地和性能;有的需要突出它的使用和养护方法;有的需要突出它的货源和存量。通过这些介绍,使消费者了解商品的知识,提高需求的兴趣,既方便了消费者选购商品，也为商品打开了销路，扩大商品销售额。

十、市场竞争意识

市场竞争的手法是多种多样的。一般常见的有：减价、更新产品改进服务、改变销售渠道、宣传广告等。

公司采用什么样的竞争手法，经常受到销售产品（或服务项目）的性质所制约。但无论何时，认真研究竞争对手现时采用的营销方法总是很有必要的，也很容易，但要进一步确切了解其营销方法的成效如何，则是较为困难的。不过，求得一般了解，看其是"大有成效"、"有所成效"还是"全无成效"也并非全无办法。

其中办法之一，就是逐一研究他们使用各种营销措施的历史情况。看其中某种营销方法是否被长期使用，或经常重复使用。按常理来说，如果某种方法被长期重复使用的话，其效果定是甚佳，至少亦是尚佳。如果长期以来只是断断续续地用过一两次便不见再用了，那就可以断定这种方法是无成效的。不过搜集这方面的资料是相当困难的，通常只能向那些过去是竞争对手的顾客，但现时成为自己的客户者查询。此外，还可以委托亲戚朋友特意进行现场观察，并判断竞争对手现时使用的营销方法究竟好在哪里？差在哪里？优势和弱点分别表现在哪里？等等。

十一、创业初期库存积压处理

开始创业，对市场还没摸到行道，一下购进很多货，不对路的话必然滞销，确实带来资金积压。

一种处理库存的办法是长痛不如短痛，一次性迅速处理掉库存，无论打几折，卖掉就好，回收资金后再进新货。

另外一种清理库存的方法是缓慢处理，在平常销售中买一送一、商品搭售，或是作为抽奖奖品等逐步消化掉，只是速度比较慢些。

如果能够协商退货的话，最好将积压商品全部退回给供货商。

其实你在今后进货中也会碰到难题：某种货进得多，进价便宜，但可能卖不掉；某种货进得少，卖掉没有库存，但进价高。可能多品种、少批量进货比较好，并要求供货商按一定时期的进货总价给予优惠。

十二、留住跳槽员工的方法

在沿海地区的小企业，打工者会为 200 元的加薪而跳槽。内地的小厂小店中的打工者也会为 50～100 元的加薪而跳槽，因为每年工资中增加 800～1 000 多元的报酬就不少了。谁给的工资高就跟谁干，这的确是一般打工者的想法。

想留住人，得从几方面考虑：一是尽量从亲戚朋友中找，自己亲近的人忠诚度高些，不会说走就走，但对自己人的管理会困难些。二是待遇留人。对员工有底薪、基本工资、有业务奖励，有些实际困难，比如，打工者吃住、家属看病、子女上学等问题，让他们感恩，从而不忍离去。

十三、处理好与家人关系

创业一定要有主心骨，其他家庭成员要围绕他转，既不能搞一言堂，更不能人人说了算。

在创业初期，家里面应该选一个各方面素质高的人出来挑头，其他人要自觉服从他（她）的领导。不要把夫妻关系、父子关系、母子关系、父女关系等与生意管理搅在一起。家里是家里，企业是企业，两本账分开。

一般要订立规矩，凡是重大问题，如追加投资、买贵重设备、聘用管理人员、与大客户签约、定工资分红等，召开股东会、董事会讨论，每年开几次，尽量大原则统一思想，细节问题按主管意见办。

日常经营则要经理、店长主持，对跑冒滴漏、小浪费、员工偷懒等问题由主管处理，或告知主管处理，家庭成员不能越位指挥、横加指责。

十四、公司做大后如何融资

在生意做大的过程中,融资有几种办法。

一是增资扩股。把注册资金提高些,让新股东带资金进来,此时别人要分你的利润。最好新股东在人际关系、销售渠道、原材料方面有优势。

二是个人、私人借贷。就是向其他个人借钱,几万到十几万还是好借的,但借款利息比银行利息高几倍。民间的高利贷很多,建议不要碰。

三是向农村金融机构贷款。比如,向农村信用社、村镇银行、小额贷款公司贷款。目前,在这一块政府的扶持政策比较多,有政府担保的、补贴利息的,要仔细研究这方面的政策动态。

四是从产业链上考虑,比如,推迟对原材料、进货的付款进度,要求购买者预付货款、定金。

总体上要根据你的经营状况进行融资,但平常的资金链不能绷得太紧。

第六章　农民致富篇

第一节　粮食作物创业指南

粮食作物是谷类作物(包括稻谷、小麦、大麦、燕麦、玉米、谷子、高粱等)、薯类作物(包括甘薯、马铃薯、木薯等)、豆类作物(包括大豆、蚕豆、豌豆、绿豆、小豆等)等的统称,亦可称食用作物。其产品含有淀粉、蛋白质、脂肪及维生素等。栽培粮食作物不仅直接为人类提供食粮和某些副食品,并为食品工业提供原料,为畜牧业提供精饲料和大部分粗饲料,故粮食生产是多数国家农业的基础。

毋庸置疑,每个地方都有自己的特色,有自己的自然条件,在选择种植作物时,一定要选择适合当地发展的品种,因地制宜,找准特色。所选择的种植作物要具备传统优势特色,适合当地的实际情况。

具有传统优势特色,即在立足市场基础上,发挥自身比较优势,从传统产品中筛选出优势品牌,使传统产品现代化,发展别具风格的地方特色产业;适合当地实际情况,就是要适合当地的自然条件和环境条件。

一、项目选择

(一)优质水稻

水稻是我国主要的粮食作物,我国是世界上最大的稻谷生产国,其中稻米是我国65%以上人口的主粮。随着社会经济的发展和繁荣，人民生活水平不断提高，人们对稻米消费的营养性、安全性、保健性诉求不断提高，无公害稻米、绿色食品稻米、有机食品稻米以及特用稻米等稻谷生产将是发展的必然趋势。

无公害稻米消费对象以城市、城镇居民为主，绿色食品稻米销售区域主要以国外以及国内大中城市为主。而随着人们生活水平的不断提高，环保、健康的意识正在不断地加强，绿色环保优质的稻米成为人们的首选。有机食品稻米主要销售到经济发达的国家和地区，有机食品稻米的发展对促进我国农业的可持续发展，维护农业生态平衡具有积极的作用。

(二)专用小麦

小麦是世界上主要粮食作物之一，全世界有 1/3 以上的人口以小麦为主粮，种植面积居各种作物之首。我国小麦在总量上基本能够满足国内消费需求，但是小麦的品质结构不合理，普通小麦生产有余，优质专用小麦则是生产不足。

优质专用小麦是为了满足不同的面制食品的加工特性和品质的不同要求而生产的小麦，即指那些具有不同的内在品质特性、专门适合制作某种或者某类食品以及专门用做某种特殊用途的小麦。

(三)啤酒大麦

我国大麦的生产发展总趋势是向优质、专用、抗逆、高产和高效的方向发展。专用大麦主要用做饲料、啤酒酿造原料和营养保健食品等。我国作为啤酒原料的大麦严重不足，一半以上的啤酒大麦依靠进口。因此，啤酒大麦在农业结构调整及未来社会发展中占有重要地位，发展啤酒大麦有很大的潜力。

(四)特用玉米

中国是玉米产销大国，总产量仅次于美国。与其他玉米生产国相比，我国专用玉米的品种少，专用性不强，产品生产成本高，加工工业落后,生产与消费市场严重脱节。而随着畜牧业的发展和玉米深加工技术的开发应用,中国对玉米的需求量将会大大增加,所以种植特用玉米,其发展潜力是很大的。

(五)小杂粮

小杂粮泛指生育期短、地域性强、种植规模较小、有特种用途的多种小宗粮豆作物,主要包括荞麦、高粱、谷子、马铃薯、甘薯以及绿豆、豌豆、蚕豆等食用豆类作物。小杂粮耐旱耐瘠,适应性强,主要分布在我国旱作地区,是这些地区传统的粮食作物,具有明显的资源优势和生产优势。

近年来,随着人们膳食结构由温饱型向营养型、保健型的转变,小杂粮因其营养丰富,医食同源,日益受到消费者的青睐,发展势头强劲,前景广阔。另外长期食用小杂粮,对糖尿病、高血压、心脏血管病等现代病都有很好的食疗和预防作用,这使得小杂粮在消费者中更加受欢迎。

二、关键技术

对于优质水稻应用的种植技术主要有 6 种:简易旱育秧技术、水稻抛秧栽培技术、水稻机械化插秧技术、水稻直播栽培技术、超高茬麦田套播稻技术、稻田种养结合技术等。其中简易旱育秧技术具有明显的节水、省工、省肥、省种子、壮秧、增产、增收的效果;水稻抛秧栽培技术是一项集省力、省工、高产、高效、操作简便于一体的轻型技术;水稻机械化插秧技术可以省工、节本,促进农村剩余劳动力的转移;水稻直播栽培技术不用育秧、拔秧、移栽等程序,可以省工省力;超高茬麦田套播稻技术可以避免秸秆焚烧和抛弃对大气、水源、土壤的污染,还可改良土壤,保持水土;稻田种养结合技术是指利用稻田的浅水环境辅以人为措施,既种植水稻又养鱼、养鸭等,以提高稻田经济效益的复合技术。

专用小麦则有精播高产栽培技术、专用小麦品质调优栽培技术、小麦轻型栽培技术、麦田间套复种技术4种。其中精播高产栽培技术是在地力和肥水条件较好的基础上，以适当降低播量为中心的，使群体较小而产穗大、穗足、粒重和高产的技术；专用小麦品质调优栽培技术是通过改进耕作栽培技术、改进施肥方法、适时灌溉来提高小麦产量的技术；小麦轻型栽培技术是省工省力和简化管理的高效技术；麦田间套复种技术即与玉米、甘薯等间套复种，以缓解粮、棉、油、菜争地矛盾。

啤酒大麦主要是追求高质，对大麦的品质要求高，最主要的技术就是调优栽培技术，包括适当推迟播种期、降低播种量、减少肥料的使用、适当提早收获等4个方面。

特用玉米可以用到的技术有：高产栽培技术，即以足苗足株保足穗、以壮苗壮株攻大穗提高产量的技术；玉米种子价格较高，不宜采用直播栽培，可以选择食用塑料盘育苗移栽技术，这种技术成本低、操作方便、成活率高；设施栽培技术是用塑料大棚进行春提前、秋延后的栽培技术；可以与西瓜、马铃薯、花生、大豆等间套种。

对小杂粮来说，应用设施栽培可以提早上市，反季上市销售可以进一步提高小杂粮的种植效益。技术主要有两种：为了达到早育苗，早出苗，早栽插目的的大棚育苗技术；疏松垄土，抑制杂草的地膜覆盖栽培技术。

三、经济核算

按照种植一亩(1亩≈667平方米。全书同)水稻计算。

投入：在种植前需要购买农膜，之后是种子、化肥、农药，然后需要插秧、浇水、农机的耗油费用等，最后需要收割、打场，土地可能需要租，综合这几项费用，每亩地的投资大概是1 100元左右。

产出：水稻平均亩产750千克，土质好的地块可以达到900千克/亩，现在市场上每千克水稻是2.70元，总的产出大概是2 000～2 100元，取其平均数为2 050元。

收益：2 050 元－1 100 元＝950 元，即每亩水稻的收益是950 元。

当然种植不同的粮食作物，因为种子、化肥、农药等价格的差异以及亩产值、市场售价的不同，不同的粮食作物就会体现不同的投入、产出、收益值。

四、风险评估

粮食是人类生活的基本物资，需求弹性小，多了卖难，容易导致粮贱伤农；少了紧张，容易导致物价上涨，甚至社会恐慌、动荡，所以必须保证粮食安全。然而粮食的生产、销售过程中常伴有一定的风险，如何识别、规避、降低风险就显得十分重要。

(一)风险种类

(1)自然风险。自然风险是指在粮食生产过程中遭遇的各种自然灾害(旱、涝、台风、极端温度、冰雹等)。如早稻育秧期间常遇低温，往往导致秧苗生长弱，病原菌生长快，出现烂芽、死苗；晚稻后期气温过低，根叶生理活动受阻，易早衰，导致低温催老，若遇寒露风，则影响安全齐穗。

(2)生物风险。生物风险是指粮食生产过程中可能遇到的各种不利生物因素(病、虫、草害等)。病虫草害严重危害农业生产。另外，在粮食作物的生产过程中，由于作物的间作、套作、连作等，若搭配不当则存在种间竞争，根际微生物的相互抑制等不利生物因素。

(3)市场风险。市场风险是指粮食生产、购销过程中，由于农业生产资料价格的上涨而农产品价格的下降，或两者价格不能同步增长所导致的经济损失。市场价格主要受供需关系的影响，对于生产者，由于获取准确信息的难度大、成本高，因此信息不完全，导致生产安排具有较大的盲目性、盲从性，表现在农业产业结构调整上，经常出现"趋同现象"、"追尾现象"。对于消费者来说，由于社会变革、观念变化及消费能力的差异,导致消费结构趋异,消费呈多样性。由于消费的多样性、多变性导致多变的市场需求,而粮食结构的调整往往滞后,消费结构与生产结构难以吻合,加大了市场风险。

(4)技术风险。技术风险是指在技术的创新扩散过程中所出现的不稳定、不适应现象。粮食生产既受自然环境因素和社会经济条件的影响,又受生物有机体自身特点的影响,因而粮食生产所采用的相关科技成果受多学科、多部门的发展所制约。由于粮食生产的区域性,各区域的光、热、水、土、肥等条件不同,形成了粮食生产生态环境的多样性,同一种新技术、新成果,在不同地区推广应用,由于区域生态条件、农民科技素质及管理水平存在很大差异,会产生不同的结果,所以科技成果推广应用的技术效果在时间、空间上往往具有不稳定性,即存在技术风险。

(5)决策风险。决策风险是指在粮食生产的过程中,由于信息的不完整性、不对称性及决策者的主观性导致决策失误的损失。在决策过程中,我们需要解决为谁种、种什么、种多少、种在哪里、怎么种等问题。因为人们饮食需求、饮食结构的不断变化导致市场需求变化不定,所以从某种意义上说,回答这些问题存在着一定的风险。

(二)防控措施

对于上述提到的各类风险,首先要求投资者通过报纸、电视、电脑等途径及时地关注自己种植的作物的相关信息,通过对市场的调查了解目标群体是谁,了解他们的需求是什么,同时了解目标群体的消费趋势,以便能够找到提供创新产品的机会。

多学习一些关于粮食作物种植的书籍,知道作物的间作、套作等种植技术,掌握什么作物可以和什么作物进行套作,如果有不明白的可以去请问专家,避免出现上述的生物风险。

自然灾害是无法预测的,只有是在自然灾害出现前,投资者能够想好预防的措施，在自然灾害出现后，能够理智灵活地处理。

第二节 经济作物创业指南

经济作物又称技术作物、工业原料作物，指具有某种特定经济用途的农作物。广义的经济作物还包括蔬菜、瓜果、花卉等园艺作物。经济作物通常具有地域性强、经济价值高、技术要求高、商品率高等特点，对自然条件要求较严格，宜于集中进行专门化生产。按其用途可分为：纤维作物（棉花、麻类、蚕桑等）、油料作物（花生、油菜、芝麻、大豆、向日葵等）、糖料作物（甜菜、甘蔗等）、饮料作物（茶叶、咖啡、可可）、嗜好作物（烟叶等）、药用作物（人参、贝母等）、热带作物（橡胶、椰子、油棕、剑麻等）。按其所处温度带可分为热带经济作物、亚热带经济作物、温带经济作物。

一、项目选择

在进行项目选择的时候，要注意考虑两方面的因素。

内在因素和外在因素。内在因素，主要是个人的知识结构、家庭投资能力以及劳动力情况。要具有种植经济作物的相关知识，包括什么土质适合种植何种作物、如何种植该种作物、什么时候施肥、撒药等，这些知识都可以通过自己学习而获得；家庭投资能力不是很高的，可以借助银行贷款来进行投资；对于劳动力，如果家里人手足够的话，为节省成本可以不选择雇佣他人。

外在的因素则主要有国家的政策支持、银行的优惠政策等。2010 年中央一号文件中对于优惠政策提到：坚持对种粮农民实行直接补贴，增加良种补贴；适时采取油菜子等临时收储政策，支持企业参与收储，健全国家收储农产品的拍卖机制，做好棉花、食糖调控预案，保持农产品市场稳定和价格合理水平。而对于融资政策则讲到：农业银行、农村信用社、邮政储蓄银行等银行业金融机构都要进一步增加涉农信贷投放。积极推广农村小额信用贷款。

通过对内外因素的综合考虑，投资者就可以选择适合自身的经济作物种植。

（一）高品质棉

棉花是我国的主要经济作物，在国民经济和人民生活中占重要地位。近年来，我国的棉花品种结构比较单一，棉花市场结构性供大于求的矛盾比较突出，导致棉花的价格下跌，效益降低，不仅制约了棉农收入的提高，而且影响纺织工业的发展。因此，需要主动地适应棉花市场优质化的需求，调整棉花品质结构，大力发展高品质棉花。所以，结合自身和外在条件，投资种植高品质棉，前景良好。

（二）双低油菜

油菜是我国重要的油料作物，种植面积和总产量均居世界首位。油菜的生产分布比较广泛，其中，我国长江流域的冬油菜区是最集中的产区，油菜播种面积和总产量占全国的85%左右，占世界油菜面积和产量的1/4。因此，在投资油菜的时候，为了提高市场的竞争力，为了提高油菜籽的含油率，应该选择双低油菜品种，即我国所说的优质油菜。

二、关键技术

对于高品质棉的种植，主要说到3种种植技术：育苗移栽高产优质栽培技术、棉田化学调控技术、立体间套种技术。其中的苗移栽高产优质栽培技术是采用双模覆盖保温育苗技术，培育早苗壮苗，实行合理稀植，建立合理的群体结构，科学运筹肥水，保证棉花生育各个阶段的营养需要；棉田化学调控技术为解决棉花旺长，协调群体与个体的矛盾，改善棉田通风透气条件，提高棉花的产量和品质开辟了新途径，主要有缩节胺和乙烯利，对于提高产量和效益都有很大的帮助；立体间套种技术推广科学的间套种，如棉花与优质啤酒大麦、棉花与大蒜、棉花与马铃薯等多种作物间套种,可以提高棉田的效益,实现高产高效。

双低油菜的高效种植技术主要有优质双低油菜保优高产栽培技术和油菜轻简栽培技术。其中的优质双低油菜保优高产栽培技术是指在种油菜的茬口通过水旱轮作可以防除土壤的菌核,要求优质双低油菜必须做到集中连片种植,一村一乡种一到两个品种,周边不要种植高芥酸油菜品种;油菜轻简栽培技术有利于减轻劳动强度,降低生产成本,减少水土流失,包含三方面的内容:首先是在前茬作物收获后不翻耕土地,直接在板茬地上移栽油菜,其次是使用油菜免耕直播机开沟栽培技术,最后就是使用套种技术。

三、经济核算

以种植一亩棉花计算。

投入:需要投入固定成本包括内包田上交、外包地租金、买断田费用、农机具折旧等;其次是物质成本,其中包括:棉种、肥料、农药、育苗耗材和移栽用膜等;最后还包括用工成本。总的投入大概是 1 000 元左右。

产出:按照平均亩产籽棉 184 千克计算,平均价格为每千克 6.59 元,总的产出就是 1 220 元左右。

收益:1 220 元－1 000元＝220 元,也就是说每亩棉花可以为投资者带来的收益是 220 元。

同粮食作物的经济核算一样,因为不同作物的各个方面的成本存在差异,导致最终的收益可能会有所不同。

四、风险评估

(一)风险种类

1. 自然风险

经济作物的种植对自然条件有非常严重的依赖性,各种自然灾害也使棉花种植的风险性不断增加。像棉花的坐桃吐絮期在7~8月份,如果雨季也在这个时期,就会使棉花的产量下降,品质大打折扣,还可能出现僵瓣棉。

2. 生物风险

病虫草害严重危害农业生产。另外,同粮食作物一样,经济作物由于作物的间作、套作、连作等,若搭配不当则存在种间竞争,根系分泌物、根际微生物的相互抑制等不利生物因素。

3. 市场风险

近几年,籽棉的年度内收购价格有时相差80%多。2009—2010年新棉上市初期籽棉收购价仅4.4元/千克,但截至2010年10月26日棉价已经上升至上年同期的4倍。而小麦、玉米等粮食作物有国家保护价做底线,国家敞开收购,农民收入稳定。与提心吊胆种棉花相比,农民更愿意种植收入有保障的小麦、玉米。所以,投资种植棉花存在很大的市场风险。

4. 技术风险

虽然承包田的分户小生产与棉花种植机械化程度低下加大了劳作强度,抬高了投入成本。棉花种植除播种、盖膜可以使用机械外,管理、采摘等环节仍要耗费大量人工,每亩按20个工,每个工50元计算,仅人工投入就高达1 000元,总投入相对较大。但是仅仅不分地区地采取同一样的技术,还是会因为自然条件的不同而产生一定的风险。

(二)风险规避

掌握当地的气候自然条件规律,在发生自然灾害前做好预防的准备,多掌握种植经济作物的知识,同时及时了解市场信息。

建议政府加大政策扶持力度,应参照种粮补贴办法,制订经济作物的保护价,播种前发布,给种植经济作物的人吃定心丸;大力推进经济作物专业合作社建设,把种植农户组织起来,统一种植模式,提高经济作物的单产;鼓励土地向种植经济作物的大户流转,提高机械化耕种程度,搞集约种植,降低人工投入,提高规模效益。同时,支持龙头企业合并、联合,组建大型经济作物种植集团,带动经济作物专业合作社的发展,保障大家的利益。

第三节　饲料绿肥作物创业指南

中国利用绿肥历史悠久。公元前 200 年前,为锄草肥田时期。公元 2 世纪末以前,为养草肥田时期。指在空闲时,任杂草生长,适时犁入土中作肥料。公元 3 世纪初,开始栽培绿肥作物。当时已种苕子作稻田冬绿肥。公元 5 世纪以后,绿肥广泛栽培。到唐、宋、元代,绿肥的种类和面积都有较大发展,使用技术广泛传播。至明、清时绿肥作物:粮、棉、肥间作、套种期,绿肥种类已达 10 多种。20 世纪 30～40 年代又引进毛叶苕子、箭筈豌豆、草木樨和紫穗槐等。现在种植区域已遍及全国。

绿肥作物是以肥田为目的而种植的作物。凡是作物的茎、叶耕翻土中腐烂能增加土壤肥力的,都可归入绿肥作物类。如苕子、紫云英、黄花苜蓿、草木樨、麻、田菁、紫穗槐等。

饲料作物是供畜禽饲用为目的而种植的作物,包括苜蓿、草木樨、紫云英、苕子、三叶草等豆科饲料作物,黑麦草、燕麦草、苏丹草等禾本科饲料作物,大麦、燕麦、黑麦、玉米、粟、甘薯等作物,亦常作为饲料栽培。

一、项目选择

饲料绿肥可以改善土壤的肥力,增加作物产量,降低投资成本,既可以做绿肥又可以做饲料,每年可以收割 2～3 次,部分还可用于养蜂,功效多,收益大,投资者可以在对当地自然条件进行分析的基础之上,根据自己的投资能力以及相关的优惠政策,选择种植饲料绿肥作物。

（一）凯伦大叶苜蓿

凯伦大叶苜蓿是从美国引进的苜蓿新品种。该品种株高 1.2 米左右，叶片宽大而多密，全株叶片占鲜草重的 60% 以上，花多为紫色，每年可割 4～6 次，亩产鲜草可达 0.75 万～1.75 万千克。比其他苜蓿品种增产 1 倍以上，是难得的高蛋白饲料。羊、猪、兔、鱼等草食性家畜家禽都十分喜食，用鲜草饲喂肉牛、羊增重率可比其他牧草提高 15%～25% 以上。另外，凯伦苜蓿的根系发达，根深可达 3～7 米，可耐 - 38℃ 的低温和 40℃ 的高温，且不择土壤、气候。除良田种植外，还可在山地、丘陵等贫瘠土壤栽种。抗涝性稍差，长期积水地、排涝不良地不宜种植。简单的生长环境不会限制苜蓿的生长，存在的优势使其具有发展的空间。

（二）优质田菁

田菁，是南方普遍种植的夏季绿肥作物，具有耐盐碱、耐涝、耐旱等特性。

植株高过 2 米。喜温暖湿润，适宜生长温度在 25～30℃。它出苗慢，苗期生长慢，以后生长速度加快。鲜苗产量很高，每亩可产 1 500～2 000 千克，收割次数多。所以，田菁的生长优势就决定其很具有市场潜力。

二、关键技术

对于紫云英的种植，最主要的先选择排灌方便的、中等肥力砂壤土或中壤土的土地种植。栽培时主要有紫云英稻田的免耕技术和稻田套播紫云英栽培技术。其中，紫云英稻田的免耕技术要求抛秧 10 天前选择无雨天气排干田间积水，用灭生性除草剂对水均匀喷施紫云英，保持田间无积水，3 天后灌满水沤制，5～7 天后达到全面腐烂才可以抛秧；稻田套播紫云英栽培技术选用当年种子，做好晒种工作，适时早播，确保播种量。

三叶草喜温凉湿润气候,较耐阴、耐湿,南方山地、丘陵、果茶园均可种植。对土壤要求不严,耐酸性强,不耐盐碱。最佳种植时间是春秋两季。可以采用果园套种技术,在播种前需将果树行间除草松土,将地整平,在下雨前1～2天播种,可撒播也可条播,条播时行距留15厘米。需补充少量的氮肥,施少量氮肥有利于壮苗。当高度长到20厘米左右时进行割草,一年可割3～4次,割草时留茬不低于5厘米,以利再生。

三、经济核算

紫云英年可收获2～3次,一般每公顷鲜草产量22 500～37 500千克,最高可达60 000千克。紫云英也可绿肥牧草兼用,利用上部2/3作饲料喂猪,下部1/3及根部作绿肥,连作3年可增加土壤有机质16%。紫云英是我国主要蜜源植物之一,花期每群蜂可采蜜20～30千克,最高达50千克,市场上销售的紫云英蜂蜜是每斤50元。紫云英一般实行秋播,9～11月均可播种,每亩用种1～5千克。现在市场价格是每千克50元,量大价优。

种植紫云英,不仅可以售卖,而且可以改善土壤肥力,降低作物种植成本,增加作物产量,间接增加农民的收入。

四、风险评估

(一)风险种类

1. 生物风险

主要是病虫害风险。盛发期间,一片叶子上若有3～5头幼虫时,使叶子失去光合作用,逐渐腐烂枯死。紫云英潜叶蝇喜高温多湿。据浙江东阳调查,若3月中、下旬,旬平均气温在13℃以上,而3月上旬和4月上旬的总雨量又在40毫米以上,有利于迅速繁殖,虫道猛增,危害就严重。相反,若3～4月气温回升迟,又是干旱年份,紫云英受害就轻。所以,3～4月气温高、雨量多,是此虫严重发生的征兆。

2. 市场风险

作为绿肥饲料作物,总是要对作物进行售卖的,而现在种植饲料作物的地方比较多,大部分都是大规模地种植,多大于2 000多亩的面积。所以,选择种植饲料绿肥作物存在卖不出去的风险。

(二)风险规避

防治病虫害的方法有农业防治:及时进行秋耕,破坏潜叶蝇的越冬环境,春季翻耕可降低成虫羽化;在大量发生之前,清除田内外杂草,处理残体,减低虫口基数。生物防治:保护与利用天敌,在卵期释放豌豆潜叶蝇姬小蜂。化学防治:用成虫吸食花蜜习性,用化学药剂诱杀成虫。

对于饲料绿肥作物存在的市场风险,可以采取以下方式规避:采取产业链条式经营方式,自己除了种植绿肥饲料作物外,还有其他的种植作物或者饲养动物,可以作为作物的绿肥或者是动物的饲料,降低成本,减少风险。

第四节　药用作物创业指南

中国是药用植物资源丰富的国家之一,对药用植物的发现、使用和栽培,有着悠久的历史。中国古代有关史料中曾有"伏羲尝百药"、"神农尝百草,一日而遇七十毒"等记载。虽都属于传说,但说明药用植物的发现和利用,是古代人类通过长期的生活和生产实践逐渐积累经验和知识的结果。随着医药学和农业的发展,药用植物逐渐成为栽培植物。

药用植物,是指医学上用于防病、治病的植物。其植株的全部或一部分供药用或作为制药工业的原料。广义而言,可包括用做营养剂、某些嗜好品、调味品、色素添加剂,及农药和兽医用药的植物资源。药用作物种类繁多,其药用部分各不相同,全部入药的,如益母草、夏枯草等;部分入药的,如,人参、曼陀罗、射干、桔梗、满山红等;需提炼后入药的,如,金鸡纳霜(奎宁)等。

一、项目选择

药用植物对环境条件的要求非常的苛刻,所以在选择项目的时候,对于环境条件是优先需要考虑的因素。

(一)美国美洲人参

美国美洲人参是世界濒临灭绝的珍稀人参,是国际市场急需的药食两用参。美国美洲人参,是具有耐旱涝、耐酸碱、不受季节、环境、土壤限制,适宜南北、城乡、室内外种植、生长期短等特点。美国美洲人参栽培场地不限,我国各个地区城市、农村一年四季均可进行室内外栽培,一般露天田地、山冈、庭院均可作为美国美洲人参种植场地。在栽培期间可与农作物、花卉或果树套种,室外种植美国美洲人参的适合气温为3~40℃,生长周期80天,下种后每100平方米可产美国美洲人参成品6~8千克。室内阳台、楼房屋顶、室内闲置空房,均可作为美国的北美印第安人参室内栽培的理想场所。室内栽培温度在0~38℃,美国的美洲人参均可正常生长。珍贵的习性使得美国美洲人参与众不同,具有市场竞争力。

(二)优质益母草

益母草,又名坤草、益母花等,为唇形科直立草本植物。它是历代中医用来治疗妇科疾病、益身养颜的良药,全株富含硒、锰等微量元素,具有抗氧化、防衰老、抗疲劳的功效。它株形俊秀、叶美花艳,是优良的夏季庭院赏花植物。其茎叶可食,味道清香爽口,凉拌或煲汤皆宜,是营养价值很高的野生保健蔬菜。由于它含有硒和锰等微量元素,可抗氧化,防衰老,抗疲劳及抑制癌细胞增生,因此,有养颜功效。益母草的药用功能就决定其很具有市场潜力。

二、关键技术

人参的种植主要有林地栽参和农田栽参。对于林地栽参,播种方法一般撒播,播种后要立即盖上树根、山草等物,既可防止雨水冲刷及土壤板结和干燥又可防止冬春的缓阳冻(上冻后因阳光直射速化,入夜又速冻,如此使种子、参根受害称缓阳冻)。农田栽参技术是利用种植农作物的土地栽培人参叫农田栽参,它是保护生态环境,解决参业与林业矛盾,持续发展人参产业的重要途径。因为林地栽参需要将林地耕翻,完全破坏了植被,致使水土流失、山体滑坡,失去了生态平衡,不利于农业生产的持续发展。

枸杞适应性强,生长季节能忍耐高温,耐寒性亦强。对于枸杞的繁殖技术,生产上应用最广的是扦插繁殖,选择靠近水源,地势平坦,阳光充足,土质疏松的壤土;田间管理,中耕除草3～5次,注意加肥;在春夏冬季要对枸杞进行修剪,剪去枯枝、老弱枝、病虫枝、重叠枝、扫地枝及疏除过密的枝条,以便枸杞更加健康地生长。

三、经济核算

以种植人参为例。

种植户投资100平方米,按最低产量产成品6千克干品计算,回收价3 600元/千克×6千克＝21 600元,除去人工工资、肥料、农药等种植费用,获纯利18 000元左右,其经济效益十分可观。

四、风险评估

(一)风险种类

1. 自然风险

药用作物的适应性一般较差,对生态环境条件往往有其特殊的要求,如不满足这些条件则不能生长或药效成分降低。如,人参、黄连等喜阴作物,需要一定的荫蔽条件。相反,地黄、洋地黄为阳性作物,需种在向阳的地块。当归原产于高寒山区,大面积种植需在海拔 2 000米以上地区;砂仁则适宜种植在亚热带地区阴湿肥沃的疏林沟谷;甘草、黄芪、麻黄等原产黄土高原,向长江流域引种会因雨水过多生长不良;而薏苡、泽兰等则喜温湿环境,稍遇干旱即造成减产。所以,引种一个新的药用作物,存在很大的自然风险。

2. 生物风险

药用作物的病虫害有 20 多种,危害较重的主要有:虫害,其中以蝼蛄、蛴螬、金针虫、小地老虎、夜盗虫等为害最甚。立枯病,又名"死苗",病原是真菌中一种半知菌。该病主要发生在出苗展叶期,一至三年作物发病重,受害作物的幼苗在土表下干湿土交界处的茎部呈褐色环状缢缩,幼苗折倒死亡。

(二)风险规避

因为药用植物对环境的依赖性比较强,所以避免自然风险的最好方法就是在选择种植药用作物的时候,就对其适宜的生长环境做个全面的了解,分析种植地的自然环境条件,尽量减少两者之间的差异。

防治病虫害的方法可采用综合防治。提前整地,施高温堆制的充分腐熟的肥料,灯光诱杀成虫,搞好田间卫生,人工捕杀等;对于难治的金针虫则用煮熟的马铃薯或谷子、苏子拌上敌百虫后做成小团埋入土中,诱虫入团,人工捕杀;苗床发现病株及时拔除,并用上述药剂浇灌床面,防止蔓延。

第五节　畜牧养殖创业指南

一、项目选择

畜牧养殖,主要包括猪、羊、奶牛、马、驴、骡、骆驼等的饲养和放牧。

一般来说,养猪行业对饲料依附性大,抗病能力差,对饲养技术要求相对较高,当然因为社会需求量大,销售市场相对广阔,价格适中,对场所有一定的要求,可根据自己资金状况来决定建筑场房和饲养规模。

羊的饲养对饲料依附性相对较大,不同的品种需要有差别的饲养技术,销售市场相对较大,但对场所要求不高,饲养相对灵活,资金需求量相对较少,对于自然条件好资金量少的有相对优势。

奶牛饲养对养殖技术、环境条件以及业主资金规模要求较高,但奶牛所产牛奶市场需求量较大有一定的盈利空间,适应于环境条件相对较好和资金规模相对较大的业主。

马的饲养,对于人力管理成本较大,饲料成本相对较高,市场需求量也相对较少,所需资金规模较大。

二、关键技术

目前的养猪行业,大多采用 4 种养猪技术:"吊架子"饲养技术;"一条龙"饲养技术;"倒喂法"养猪技术;"发酵床养猪技术"。其中,"吊架子"饲养技术是前期大量用青、粗饲料,精料投入量少,当猪长到 50~60 千克后,再增加高能量精料突击催肥;"一条龙"饲养技术是从小猪到出栏一直用精料饲养,这样大大缩短了饲养周期,降低了消耗;"倒喂法"养猪技术就是根据猪的生长规律和特点而确定的新型养猪法,这种方式既缩短了猪的饲养周期,又充分利用了大量青、粗饲料资源,从而节约了精饲料用量,经济效益大大提高;"发酵床养猪技术"最核心的问题是粪便的零排放,不用人工清理粪尿,不用水冲洗圈舍,冬季不用煤电取暖,是集环保、生态、健康、省工为一体的生产无公害猪肉的一种饲养技术。以上 4 种养猪技术中的前 3 种适应于农村散户经营,对于规模养殖来说,现在最流行的养殖技术是第四种即"发酵床养猪技术"。

散养架子牛集中育肥技术,这种饲养方法具有饲养期短、见效快、风险小的优点,具体要做好几点:购牛时,买架子牛最好买两岁左右,体重在 250～300 千克,是育肥最适合期;驱虫,要及时驱除架子牛体内外寄生虫;补充精料,为使日粮营养全价,均衡,可补充精料、尿素和添加剂;提高饲料利用率,喂牛的草料应切短后进行氨化,秸秆经氨化后,采食量和消化率可提高 20%,粗蛋白质含量增加 1～2 倍。

三、经济核算

下面我们以饲养生猪为例,说明畜牧养殖的经济核算。

(一)投入

苗猪费用:25 千克重的苗猪每头 250 元,100 头苗猪需要25 000元;饲料费用:苗猪饲养,5 个月可以出栏,此期间每头生猪需要饲料费用约 460 元,100 头需要 46 000元;水电费用:每头需要5 元左右,100 头需要 500 元;防疫治病费用:每头需要 25～30 元,按照 28 元计算,需要 28 000元;简易养殖房费用:根据个人资金情况和使用材料不同,费用从几千元到几万元不等,本收益分析,按照 2 万元计算,可以利用 10 年,年均 2 000元。

(二)产出

生猪饲养 5 个月,体重可以达到 100 千克左右,目前市场生猪价格9.6 元每千克,每头生猪可得产出 960 元,苗猪的成活率一般在 90%,所以 100 头苗猪可以养成商品生猪 90 头,产出价值为86 400元。

(三)收益

养殖 100 头猪可以获得的收益是 86 400元 － 76 300元 ＝10 100元,若利用空闲场地养猪,猪舍费用可以省去,收益更高,此外自繁自养可以降低苗猪的成本,也能够提高收益。

四、风险评估

对于畜牧养殖业来说，风险主要有以下几点。

(一)市场风险

畜牧养殖业属于市场价格波动较大的行业，尤其是近年来随着各种饲料价格的上涨，进一步提升了饲养成本，压缩了盈利空间。如果养殖户不注意甚至不懂得市场行情，而是从众跟风，看着猪价格高了养猪、羊价格高了养羊如此等等，因为养殖有一个时间周期，在价格的高峰进入，等饲养的生物长成了，却落入价格的低谷，饲养的成本高，而卖价低，肯定盈利很少甚至只是赔钱赚辛苦。鉴于此，要主动了解市场行情，从多年的市场交易经营中，总结出大致的市场交易规律，在销售价格相对低时可考虑跟进，在销售价格高时可考虑适当减少饲养，这样使饲养规模维持在一个稳定的水平上，尽可能做到收益最大化。

(二)经营管理风险

现在的养殖行业从业人员，尤其是农村小规模养殖户，普遍存在着科学素质普遍较低的现象。由于业主科学素养普遍低下，文化知识和思想观念相对落后，再加上信息传输渠道不畅，这一方面使得业主对养猪业发展形势和生产技术的进步缺乏了解，业主们往往凭传统经验和部分从他处学来的所谓"经验"就盲目进行养殖生产，而不能很好地接受先进的畜牧养殖技术，造成了农村畜牧技术状况不适应规模养殖发展需要的局面，生产效益极其低下；另一方面造成业主经营管理经验有些欠缺，这使得管理不到位，抗风险能力相对较差，没有生产计划，盲目性很大，"上"得快，"下"得也快。没有组织，即使同在一个小区内也是各自为政，缺乏统一的科学管理，常常造成疫病交叉感染。生猪销售上受经销商左右，自主经营能力差，抗风险能力弱。

因此，需要提供信息、科技示范、加强政府和技术推广部门服务力度,逐步改变广大从业者的养殖观念,提高从业人员的科学素质,改变单独生产经营的方式,建立协会性质的组织或参加到"公司＋农户"的组织中,建立真正的封闭式小区,规范化管理,生产、服务和销售有机地结合起来,才能提高抗风险能力,稳步发展生产成为当务之急。

(三)融资风险

现代畜牧养殖业是一个投入相对较高的行业,但由于农民收入相对较低,积累较少,资金量有限,造成许多中小畜牧养殖企业先天投入不足,生产设施简陋,技术力量薄弱,给以后的生产管理带来了很多隐患,得不到预想的生产效益。而现在中小企业向金融系统融资,需要提供厂房以及机器设备作为抵押担保,这种状况造成了中小畜牧企业融资渠道不畅,资金周转成为困难,所以,国家应在金融等方面增加优惠措施,扩宽他们的融资渠道,积极引导和支持他们的发展。

(四)病疫风险

养殖业集约化饲养,群密度大,环境相对较差,再加上消毒不严格,环境中的病原甚多,加重了所饲养生物感染病菌的压力,造成了疫病传染速度快涉及面广的局面,重大的病疫不仅造成生物的死亡,使得业主蒙受经济损失甚至遭到破产,因此这使得疫病成为养殖行业的最大的风险因素。

因此,在生产设施相对简陋的农村建立养殖场时,在选址、建筑设计、生产设备等方面要充分考虑最基本的动物防疫条件。所建养殖场要尽量远离村庄和公路,要建设有规范的消毒设施和粪便、污水处理设施,使疫病得到有效的控制,真正做到既简便可行又能减轻环境的污染的无公害处理方法。

第六节　水产养殖创业指南

水产养殖是指人为控制下繁殖、培育和收获水生动植物的生产活动。一般包括在人工饲养管理下从苗种养成水产品的全过程。广义上也可包括水产资源增殖。水产养殖有粗养、精养和高密度精养等方式。粗养是在中、小型天然水域中投放苗种，完全靠天然饵料养成水产品，如湖泊水库养鱼和浅海养贝等。精养是在较小水体中用投饵、施肥方法养成水产品，如池塘养鱼、网箱养鱼和围栏养殖等。高密度精养采用流水、控温、增氧和投喂优质饵料等方法，在小水体中进行高密度养殖，从而获得高产，如流水高密度养鱼、虾等。

中国淡水养殖对象主要是传统的鲤科鱼类以及非洲鲫鱼、虹鳟、银鲑、白鲫、罗氏沼虾、中华绒螯蟹、淡水珍珠贝等。人工繁殖技术和网箱培育方法的采用，为养殖提供了大量苗种。

中国的海水养殖对象主要包括海带、紫菜、贻贝、牡蛎、蛏、蚶、鲻、鲮、鲈、遮目鱼、对虾、海水珍珠、鲍、扇贝、海参、人工培育珍珠、插竹养牡蛎等水生动植物的饲养与养殖。

一、项目选择

要想从事水产养殖项目，必须从以下 3 个方面考虑。

(一)水质条件

这是最基本的条件，决定了你从事的是淡水养殖或海水养殖。如果拥有丰富的淡水资源，当然要进行淡水养殖，比如饲养些鲤科鱼类、淡水珍珠贝等；如果拥有丰富的海水资源，当然要从事海水养殖，饲养些海带、紫菜以及海水珍珠等。

(二)技术条件

这是最关键的条件，决定了你能否走向成功。不管是淡水还是海水生物,生命体都很脆弱,病害时有发生,掌握先进的养殖技术和有关基础理论如遗传育种和遗传工程等的研究和应用,将尽可能地减少病害的损失,极大地提高产量和增加养殖种类,再加上对水生经济动植物生理、生态学的深入研究可为养殖对象提供具有全部营养的配合饵料和最适生长环境;连同高密度流水养鱼、混养、综合养鱼等综合性先进技术的运用,将为养殖业的大幅度发展提供了巨大的可能性。

(三)资金条件

这是最重要的条件。淡水养殖,如池塘的建造、排水设施的修建、淡水资源的引进、种苗的采购、饲料的购买等,都需要资金的支持,如果在运营中资金链断裂,经营将无以维持,投资等于失败。海水养殖,网箱的组装与加固、种苗的购买、饲料的采购以及运输船只,都需要资金,要想使水产养殖健康进行下去,必须有足够的资金做保障。

二、关键技术

(一)淡水养殖技术

下面以黄鳝、泥鳅套养来介绍关键技术。黄鳝、泥鳅都是名贵淡水佳品,发展黄鳝、泥鳅的人工养殖,前景十分可观。用配合饲料投喂黄鳝、泥鳅生长快,在黄鳝养殖池套养泥鳅,效益高,其高产养殖技术如下:

1. 建好养殖池

饲养黄鳝、泥鳅的池子,要选择避风向阳、环境安静、水源方便的地方,采用水泥池、土池均可,也可在水库、塘、水沟、河中用网箱养殖。面积一般 20～100 平方米。若用水泥池养黄鳝、泥鳅,放苗前一定要进行脱碱处理。若用土地养鳝、泥鳅,要求土质坚硬,将池底夯实。养鳝池深 0.7～1 米,无论是水泥池还是土池,都要在

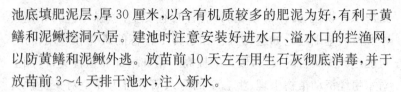

池底填肥泥层,厚30厘米,以含有机质较多的肥泥为好,有利于黄鳝和泥鳅挖洞穴居。建池时注意安装好进水口、溢水口的拦渔网,以防黄鳝和泥鳅外逃。放苗前10天左右用生石灰彻底消毒,并于放苗前3~4天排干池水,注入新水。

2. 选好种苗

养殖黄鳝和泥鳅成功与否,种苗是关键。黄鳝种苗最好用人工培育驯化的深黄大斑鳝或金黄小斑鳝,不能用杂色鳝苗和没有通过驯化的鳝苗。黄鳝苗大小以每千克50~80个为宜,太小摄食力差,成活率也低。放养密度一般以每平方米放鳝苗1~1.5千克为宜。黄鳝放养20天后再按1:10的比例投放泥鳅苗。泥鳅苗最好用人工培育的。

3. 投喂配合饲料

饲料台用木板或塑料板都行,面积按池子大小自定,低于水面5厘米。投放黄鳝种苗后的最初3天不要投喂,让黄鳝适宜环境,从第4天开始投喂饲料。每天下午7点左右投喂饲料最佳,此时黄鳝采食量最高。人工饲养黄鳝以配合饲料为主,适当投喂一些蚯蚓、河螺、黄粉虫等。人工驯化的黄鳝,配合饲料和蚯蚓是其最喜欢吃的饲料。配合饲料也可自配,配方为:鱼粉21%、饼粕类19%、能量饲料37%、蚯蚓12%、矿物质1%、酵母5%、多种维生素2%、黏合剂3%。泥鳅在池塘里主要以黄鳝排出的粪便和吃不完的黄鳝饲料为食。泥鳅自然繁殖快,池塘泥鳅比例大于1:10时,每天投喂一次麸即可。

4. 饲养管理

生长季节为4~11月,其中,旺季为5~9月,要勤巡池,勤管理。黄鳝、泥鳅的习性是昼伏夜出。保持池水水质清新,pH值6.5~7.5,水位适宜。

5. 预防疾病

黄鳝一旦发病,治疗效果往往不理想。必须无病先防、有病早治、防重于治。要经常用1～2毫克/升漂白粉全池泼洒。在黄鳝养殖池里套养泥鳅,还可减少黄鳝疾病。

(二)海水养殖技术

以下主要以养殖滩涂青蛤与泥螺混养技术为要点介绍海水养殖技术。

1. 滩涂条件

根据青蛤、泥螺的生态习性,养殖场地应选择在沙泥底质、潮流畅通、地势平坦、水质清新富含底栖硅藻和有机碎屑较丰富的潮间带滩涂,以高潮带中下区到中潮带为好,尤以咸淡水交汇处滩涂更佳。

2. 滩面整理

一是整理滩面,清除养殖区内的敌害性螺类、蟹类等。二是在滩涂养殖区域周围设置围栏,栏高50厘米,网目1.8～2.0厘米,以防敌害、防践踏、防逃、防偷。

3. 苗种放养

青蛤苗种选择本地区中间培育的,规格700～800粒/千克,个体整齐,体表光泽,无损伤。播苗密度40千克/亩(2.8万～3.2万粒/亩),运输放养以阴天为宜,确保潜沙率达85%以上。泥螺苗种选择本海区的当年产天然苗种,规格以每千克3 000粒右为宜,放养密度通常为每平方米80粒左右;播苗方法用小脸盆盛少量苗种,加入少量海水,用手轻轻地均匀撒播于养殖滩涂上。

4. 养殖管理

青蛤、泥螺养成期间管理工作主要防灾、防害、防逃、防偷等。在养成期间应有专人看管,发现问题及时处理。台风季节要及时疏散上堆的苗种，以减少损失，发现问题及时解决。

5.抽样测定

每半月随机取样进行生物学测定一次，根据生长状况与成活率情况采取分苗或补苗等相应技术措施。

6.采收

青蛤壳长达到 3.5 厘米就可收获。一般采捕旺季是在春、秋两季，尤以秋季为宜。泥螺的养殖周期较短，一般放苗后经 3 个月养殖即可达到每千克 250 粒左右的商品规格。收获方法以人工收获为主。

三、风险评估

水产养殖风险主要体现在以下 3 个方面。

(一)技术风险

水产养殖，物种多样，饲养技术虽然有些相近之处，但总有些细微差距。如果饲养管理人员技术不精，只能依葫芦画瓢，不懂得个案分析，不懂预先防治，一旦出了病害问题，仅仅是"头痛医头，脚痛医脚"，甚至都不懂如何防治，这就给水产养殖带来了一定的技术风险。

(二)日常管理风险

水产养殖是一个细心的活，如果马虎大意，不能在细微之处发现是否有异常，等到出现问题时已晚，所以，从事水产养殖，日常管理也存在着一定的风险。以海水养殖大黄鱼为例，需要业主经常观察水流急时网箱倾斜情况与鱼种动态，检查网箱绳子有无拉断，沉子有无移位；为防止鱼种跳出箱外，网箱上加缝盖网；及时清除网箱内的漂浮物；为保持商品鱼天然的金黄体色，养殖后期，在网箱上加盖遮阳布；每天定时观测水温、比重、透明度与水流，观察鱼种的集群、摄食、病害与死亡情况，高温季节在网箱区中央部分，应注意防止养殖密度过大而引起缺氧死亡等。

(三)病疫风险

水产养殖,集约化饲养,群密度大、能见性差,加上物种种类多生存环境中的病原甚多,容易造成物种感染病疫的压力,使疫病传染速度快涉及面广,病疫对水产养殖业持续经营带来了很大的冲击,因此疫病对水产养殖行业存在着很大的风险因素。

第七节　禽类饲养创业指南

一、项目选择

鸡具有生长速度较快、适应性强、抗逆性好、生产周期短等特点,使得饲养鸡成本相对较低;而且鸡肉具有高蛋白、低脂肪、低胆固醇、适口性好等特点,符合膳食结构的合理改善,而鸡蛋营养价值也很高,受到广大消费者的青睐,在家禽的日常消费中居主体地位。

鸭生长周期也较短,但所需饲料成本较大,鸭蛋营养价值不如鸡蛋高,主要用于腌制鸭蛋用,鸭毛主要用于羽绒制品。鹅的实用性不如鸡鸭,相对来说饲养规模较小。

二、关键技术

这里我们主要土洋结合养鸡技术为例来进行介绍。

随着生活水平的不断提高,人们的口味也越来越"刁"。许多人不爱吃产自大养鸡场的鸡蛋、鸡肉,而喜欢吃农家自养的"土"鸡蛋、"土"鸡肉。但是完全按照农村土法粗放养殖,生产效率毕竟太低,而且鸡苗死亡率高,因此,养"土鸡"也应借鉴一些"洋"方法。"土"、"洋"结合,才能提高农家养鸡经济效益。

(一)鸡种要"土",选种方法要"洋"

俗话说"好种出好苗",养鸡也不例外。但目前农户家庭养鸡,普遍不重视选种,孵化小鸡时,只关心种蛋是不是新鲜的受精蛋,而不关心其遗传素质是否优良。结果孵化出的小鸡,有的生长慢、产蛋少、抗病力差、成活率低,养殖效益低。因此,应采取科学的选种方法,选优汰劣。常言道:"公鸡好,好一坡;母鸡好,好一窝。"在选择鸡种时,首先要选择生长快、抗病力强、个体健壮、生命力旺盛的优良公鸡做"种公鸡",其次要选择产蛋率高的母鸡做种鸡。这样的鸡种交配产下的蛋,才适宜做种蛋;孵化出的小鸡,才是性状优良的土鸡。

(二)大鸡养殖要"土",鸡苗养殖方法要"洋"

鸡苗满月前死亡率高,是农户土法养鸡的突出问题之一。其主要原因,一是未采取有效的保温、消毒、防病措施;二是饲料营养不全,或不对小鸡胃口。应借鉴大型养鸡场养殖鸡苗的方法,对鸡舍进行严格消毒,并做到保温育雏、饲喂全价饲料、定时免疫防病,尽量提高鸡苗成活率。待小鸡满月、抵抗力增强后,再改用农村土法土料喂养。

(三)饲料要"土",搭配上要"洋"

农户家庭养鸡,很少在饲料搭配上下工夫。总认为"鸡鸭蛋,粮食换"。每年粮食收获后,有余粮时,将包米、麦粒或豆类撒在地上让鸡啄食;青黄不接时,任小鸡自己觅食。由于饲料营养搭配不合理,饲喂方法不科学,不仅造成饲料利用率低,也直接影响到鸡的产蛋与生长。正确的喂养方法是:将喂原粮改为喂粉碎的颗粒料,将喂单一料改为喂配合饲料,将小鸡时饥时饱改为均衡喂料。最好能购买饲料厂生产的预混料,再按照饲料配方要求,将各种原粮粉碎后与麸皮、预混料拌匀后再喂。有条件的还可育虫喂鸡,尽量做到饲料"荤"、"素"搭配、按时饲喂、均衡饲养。

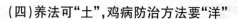

(四)养法可"土",鸡病防治方法要"洋"

由于对"鸡瘟"等传染性强的疾病缺乏科学有效的防治措施,导致农户家庭养鸡大量死亡,是目前农户养鸡风险大、效益低的又一主要原因。农村土鸡散养,人鸡混杂、人员流动大,使鸡病比工厂化养鸡更易传播,也更加难以控制,因此,在对鸡传染性疾病防疫上,应吸收工厂化养鸡的做法,严格按照免疫程序,做好预防接种工作。尤其要加大对鸡瘟等烈性传染病的预防,防止传染性疾病大范围流行。

三、经济核算

(一)鸡场收入

商品肉鸡场的收入来源于出售的商品肉鸡。种鸡场主要收入包括鸡苗、不合格种蛋、无精蛋、淘汰鸡。

(二)鸡场支出

养鸡场主要支出包括:饲料费、雏鸡费及燃料、水电、药品、运输、笼具、房屋设备维修等费用;固定资产折旧;职工工资、福利、奖金;低值易耗品;办公费、差旅费;技术开发及其他不可预见费用。

在各项支出中,最大支出为饲料费,约占养鸡场总支出的70%左右。所以,加强饲料的管理,防止浪费,才能有效地降低生产成本,提高经济效益。

(三)鸡场利润

鸡场收入与支出之差即为利润。正常情况下,种鸡场的利润大约产值的15%~20%。当然,经营管理比较好的鸡场以及市场价格高时,利润会更高,反之,利润较甚至出现亏损。

四、风险评估

家禽养殖主要的风险体现在以下3个方面。

(一)日常经营管理风险

由于家禽数量较多,且又极易感染病疫,再加上环境状况较差,如果日常经营管理上不去,会给家禽饲养带来很大的风险。因此,一定要把制定的各种技术措施及时地、全面地、准确地贯彻下去,并根据现场技术要求,派专人做好每日生产记录,以便发现问题及时采取措施解决。任何日常管理工作绝不能疏忽大意,否则会造成不可弥补的损失。

(二)市场风险

优质鸡鸭鹅的生产成本中 $60\% \sim 70\%$ 为购买饲料的支出,饲料价格对优质肉鸡生产的经济效益起决定性的作用。因此,养殖户应密切关注饲料价格的变化。在优质肉鸡饲料原料中,以玉米、大豆(豆粕)等粮食作物为主,粮食的丰收与歉收直接影响饲料的价格。从我国多年的情况看,鸡鸭鹅肉的价格要比他们所产的蛋的市场价格变化大得多,因此,养殖户若能通过市场调查与分析,掌握市场价格的变化规律,预测到价格低谷和价格高峰,则能在市场竞争中处于有利地位。鉴于此,要时刻关注相关市场信息的变化,及时调整相关生产经营情况。

(三)病疫风险

由于家禽饲养的密集度较高,病菌有交叉感染的可能,如果发生病疫,那么传播速度将会很快,波及面将会很广,这为家禽饲养带来了经营风险。

第八节　加工制造业创业指南

加工制造业是自行采购原材料(或按委托人提供的材料)大批量、标准化、生产线式的加工。传统的加工制造业以过去劳动的生产物作为劳动对象,如造纸、纺织、食品、冶金、机械、电子、化学、石油化工、木材加工、建筑材料、皮革工业等。随着科学技术的发展，加工制造业逐渐转向利用高新技术、新工艺、新材料生产的高附加值加工制造业。而在农村地区目前发展比较多的是农产品加工业。

农产品加工业是以人工生产的农业物料和野生动植物资源为原料进行工业生产活动的总和。广义的农产品加工业，是指以人工生产的农业物料和野生动植物资源及其加工品为原料所进行的工业生产活动。狭义的农产品加工业，是指以农、林、牧、渔产品及其加工品为原料所进行的工业生产活动。包括有全部以农副产品为原料的，如粮油加工、制糖、卷烟、酿酒、乳畜品加工等；大部分以农副产品为原料的，如纺织、造纸、香料、皮革等以及部分依赖农副产品为原料的如生物制药，文化用品等。

一、项目选择

在农村地区农副产品种类很多，比如粮食、肉类、蔬菜、果品、蛋类、奶类等，但作为原材料销售，价格普遍较低，农民收入较少。而经过初加工或深加工，农副产品的附加值会提高，从而增加农民收入。因此，农民可以选择农村地区原料较为丰富，加工技术简单，投资较少的项目来进行创业。有一定资金积累后，可考虑扩大加工规模，以获得更高的收益。

二、关键技术

下面以芹菜泡菜的制作为例介绍关键技术。

芹菜药食两用，在中国栽培广泛。芹菜泡菜含有大量的活性乳酸菌，能很好地保存芹菜原有的维生素 C，并能增进食欲、帮助消化，是一种很有发展前途的蔬菜加工新品种。其制作方法如下。

（一）原料预处理

将鲜嫩翠绿、粗细均匀的芹菜去叶、洗净，切成 2 厘米长的段，

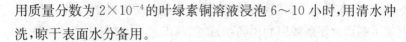

用质量分数为 2×10^{-4} 的叶绿素铜溶液浸泡 6～10 小时,用清水冲洗,晾干表面水分备用。

(二)准备菜坛

泡菜坛先用温水浸泡上 5～10 分钟,再用清水冲洗干净,最后用 90～100℃ 热水短时冲洗消毒,倒置备用。

(三)配制泡菜液

用井水或泉水等硬水配制泡菜液,因为硬水中的钙、铝离子能与蔬菜中的果胶酸结合生成果胶酸盐,对其细胞起到黏结作用,防止泡菜软化。若无硬水,可在普通水中加入 0.5％ 的氯化钙和 6％～8％ 的食盐,加热煮沸。冷却后加入溶液总量 0.5％ 的白酒,2.5％ 的黄酒,3％ 的红糖(白糖)和 3％ 的鲜红辣椒。另外,将花椒、八角、甘草、草果、橙皮、胡椒等适量香料用白纱布包好备用。

(四)入坛泡菜

将处理好的芹菜装坛,分层压实,放入香料包,离坛口 10 厘米时,加 1 层红辣椒,然后用竹片将原料卡住,注入泡菜液淹没原料,切忌原料露出液面,扣上碗形的坛盖,在坛盖的水槽中注入冷开水或盐水,形成水槽封口。

(五)自然发酵

将泡菜坛置于阴凉处,任其自然发酵。当乳酸含量达到 0.6％～0.8％ 时,泡菜就制成了。一般夏天需 7～8 天,冬天需 15 天左右。

(六)拌料装袋

将成熟的泡菜取出,立即加入适量的姜粉、蒜泥、麻油、味精、0.25％ 的乳链菌肽(天然食品防腐剂,食用后在消化道中很快被水解成氨基酸)或 0.02％ 的苯甲酸,操作时间要尽可能短。包装袋采用不透光且阻隔性好的铝箔复合袋,真空包装。

(七)低温贮藏

加热杀菌会使泡菜软化,破坏维生素 C,并使乳酸菌失去活性,不利于泡菜贮藏。因此,在制作芹菜泡菜时可加入大蒜泥、乳链菌肽等天然杀菌剂,采用真空包装后,在 0～4℃的低温冷藏效果最好。

三、经济核算

下面以泡菜加工创业项目为例。

最低投资额:200 元,用于购买用具和加工原料等;最高投资额2 000 元,用于租赁营销场地及购置设备,购买加工原料等。

经济效益:以每碟泡菜 1 元计算(成本在 0.3～0.4 元),每天销售 100 碟,每月利润达 2 000 元上下。

四、风险评估

在选定创业项目后,应该对存在的风险进行评估并提出有效的防控措施。农副产品加工业面临的风险主要有以下几点。

(一)政策风险

农副产品加工业中绝大多数属于食品行业,因此加工的产品一定要符合国家、省、地市及县等有关的法律、法规、条例(令)等。而且近年来国内出现了许多食品安全事故,比如奶粉三聚氰胺事件、安徽劣质奶粉事件(大头娃娃事件)、福寿螺事件、海南毒豇豆、毒节瓜事件、地沟油、硫黄生姜等事件。出现了这样的事件造成的国际、国内影响都很大,而且有时候一次事件可能导致整个行业长时间受影响。因而国家对食品安全监管相当严格,一旦产品质量不合格,可能会被有关部门依法取缔。

(二)市场风险

主要指生产出来的产品因为市场需求不旺盛,进而出现产品滞销甚至会导致创业失败。

(三)技术风险

指加工特定的农副产品所需要的专门技术掌握不好的话,可能会导致创业失败的风险。农副产品种类很多,而且各种产品加工技术差异性很大。因此在创业或都转行业时,一定要经过专业培训,以掌握特定的加工技术。

防控措施:

(1)提高市场意识,生产适销对路的产品。

(2)提高产品质量,符合有关规定。

(3)掌握特定的加工技术。

第九节 特色工艺品生产创业指南

一、项目选择

中国是一个文明古国,有许多工艺品是一个特定时期历史的载体。在选择工艺品生产加工创业项目时,首先要考虑产品的市场需求;其次考虑工艺品的文化底蕴;再次考虑生产加工技术的难易;最后要考虑投资大小。

具体可以选择的项目有:木制工艺品例如竹、木盒,首饰包装,酒类包装,木相框,相架,家用竹、木制品,木质玩具,礼品盒,家居摆挂饰,广告促销礼品,茶叶包装,保健品包装、微型农具等;编织工艺品比如植物秸秆编制的日常生活用品,比如风铃,挂钟,纸巾盒,花盆容器,草鞋,草席等;金属工艺品比如以金、银、铜、铁和合金等为原料制作的工艺品;雕塑工艺品比如木雕工艺品,石雕手工艺品,泥塑、皮影等;布艺工艺品例如刺绣、十字绣、布鞋、鞋垫等。

二、关键技术

工艺品种类繁多,且各种工艺品的生产加工技术差别较大。在选择好创业项目后,应该有针对性地学习并掌握工艺品的加工工艺和加工技术。

三、经济核算

以手工生产粗布创业项目为例:

最低投资额:300元,用于购买纺车和加工用棉线等。

最高投资额:2 000元,用于租赁营销场地及购置设备,购买加工原料等。

经济效益:以加工粗布床单为例,每月可加工20床,利润达200元上下。

四、风险评估

在选定创业项目后,应该对存在的风险进行评估并提出有效的防控措施。工艺品加工业面临的主要风险。

(一)技术风险

工艺品的生产加工都需要特定的技术,因而技术掌握的熟练程度直接影响到产品质量,进而影响到生产效率的高低和经济效益的大小。另外,生产加工技术的先进性也会影响到产品的质量和产品的销路,最终会影响生产者的收益大小。

(二)市场风险

主要指工艺品生产投放市场以后是否受到消费者喜爱,是否畅销。如果滞销,可能导致创业失败。

防控措施:

(1)增强市场意识,选择有较深文化底蕴或绿色环保的工艺品进行生产加工,必然会受到消费者喜欢;

（2）学习并掌握先进的生产加工技术。

第十节　其他产品生产创业指南

一、项目选择

首先选择目前该类产品市场空白或者供应不足的项目；其次项目的生产加工技术对于有一定的技术基础的创业者能够通过学习或者钻研所掌握；再次在创业初期要选择投资额度比较小的项目，投资额度应在创业者承受能力范围之内。

二、关键技术

该类项目生产的产品种类千差万别，所要求的技术亦差异性很大。创业者在选定特定创业项目后，一定要查阅相关资料或者到相关科研院所、高等院校咨询学习相关的生产加工技术。因加工技术对创业成功至关重要，因此，只有技术掌握熟练后，才可启动创业项目。

三、经济核算

在选定创业项目后，要进行简单的投资预算和经济效益预估。以生产花肥创业项目为例：

最低投资额：500 元，用于购买设备和加工原料等；最高投资额：3 000 元，用于租赁营销场地及购置设备，购买加工原料等。经济效益：以每千克花肥 1.80 元计算（成本约 0.40～0.50 元），每月若销售 500 千克，利润达 700 元上下。

四、风险评估

在选定创业项目后，应该对存在的风险进行评估并提出有效的防控措施。该类产品加工生产面临的风险主要有如下几方面。

(一)技术风险

该类特殊产品(如案例中所述的土壤改良剂、大理石胶和铁水孕育剂)的生产加工都需要特定的技术,因而创业者技术掌握的熟练程度直接影响到产品质量,进而影响到生产效率的高低和经济效益的大小。如果技术掌握不到位,很可能会生产不出合格的产品,最终导致创业失败。

(二)市场风险

主要指创业者生产出来的产品是否受市场欢迎,如果产品不畅销,可能会导致创业失败。

(三)政策风险

指项目生产出来的产品是否符合国家相关的法律、法规、条例(令)等,如果不符合,可能会被相关部门查封。

防控措施:

(1)增强市场意识,抓住机遇,生产市场需求旺盛的产品。

(2)学习并掌握先进的生产加工技术。

(3)选择符合国家相关规定的创业项目。

第十一节　服务业创业指南

服务业是指生产和销售服务产品的生产部门和企业的集合。服务产品与其他产业产品相比,具有非实物性、不可储存性和生产与消费同时性等三大特性。在我国国民经济核算实际工作中,将服务业视同为第三产业。

一、项目选择

就我国而言,国家统计局在《三次产业规划规定》中将三次产业划分范围为：第一产业是指农、林、牧、渔业；第二产业是指采矿业，制造业，电力、燃气及水的生产和供应业，建筑业；服务业则包括 14 类，即交通运输、仓储和邮政业，信息传输、计算机服务和软件业，批发和零售业，住宿和餐饮业，金融业，房地产业，租赁和商务服务业，科学研究、技术服务和地质勘察业，水利、环境和公共设施管理业，居民服务和其他服务业，教育，卫生、社会保障和社会福利业，文化、体育和娱乐业，公共管理和社会组织及国际组织提供的服务。

但就我国农民服务业就业取向来看，他们所从事的服务业主要五大类。第一类是以提供劳力服务为主，如家政服务、货物搬运服务、净菜中心等；第二类是以提供技术服务为主，如教育培训、交通运输、医疗卫生服务、茶艺服务、农机农技服务等；第三类是以提供信息咨询服务为主，如信息咨询与中介服务、农产品销售经纪等；第四类是以提供住宿餐饮服务为主，如酒店餐饮、农家乐、观光休闲农业；第五类是其他涉农综合服务，如农村社区综合服务、农村生产生活合作经济组织等。

二、经济核算

这里以农机出租服务为例予以说明。例如，购买一台 48 000 元的履带式油菜联合收割机，可享受政府补贴根据各地区不同在 5 000～15 000 元，实际购买价格在 35 000～40 000 元。油菜收割机既可收割油菜，又可收割水稻麦，经济效益高，平均投资回收期在 1～1.5 年。

具体来说，收获季节每台收割机每天能收获农作物 30～40 亩，每亩收割费用按照各地情况和收获机械竞争程度不同，价格在 40～70 元。一个收获季节按照 10 天计算，每年稻麦油菜 3 个收获季节，稻麦两个收获季节可共获得 2 万多元收入，油菜因为收获周期短，可获得 5 000～6 000 元收入，去除再投入，每亩小麦使用柴油

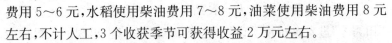

费用 5～6 元,水稻使用柴油费用 7～8 元,油菜使用柴油费用 8 元左右,不计人工,3 个收获季节可获得收益 2 万元左右。

跨区作业,收获时间长,收入更高,有的信息灵、善经营的购机农户 6～7 个月就可收回购机投入。

三、风险评估

从事该类技术服务业也存在较多的风险,投资应谨慎。具体有以下几个方面的风险。

一是教育培训行业要注意管理风险与市场风险。例如,从事农村幼儿园经营管理,服务对象就是幼儿,这类人群是无行为能力的特殊人群,需要无微不至的照顾和看护。对于幼儿园最重要的是卫生条件、意外事故防范和疾病的防治。可以为幼儿购买相应的保险;此外,还有来自竞争对手的风险,如能在价格、办园特色、教学质量上下工夫,应会好于竞争对手。

二是从事医疗卫生(含兽医)业的要注意技术风险。此类业务服务对象是鲜活生命,在利用精湛技术进行准确诊断的基础上要谨慎治疗,忌冒险、忌贪功,一旦遇到超出自己医治能力范围及诊所医疗器械操作范围之外,要及时果断作出转至大医院(诊所)的决定。

三是从事农机农技服务与交通运输服务的要注意设备操作风险。首先要正确购买设备,对设备厂家、性能要有周详的了解;其次要争取国家的农机购机补贴;再次要注意定期检查设备,在正确使用的基础上注意设备保养,降低损耗。

第十二节　信息服务的创业指南

一、项目选择

从实践中发现,农村中农民经纪人主要有 3 类。

一是科技推广经纪人。农民盼望有一批懂技术的"土专家"、"田秀才"进入农村技术市场,这类以经纪人身份出现的农民凭着丰富的科技知识和社会实践经验,从一些农业科研单位引进新技术、新产品,使广大农民依靠科技增产增收。

二是农产品销售经纪人。目前,一些农产品流通不畅,已直接影响了农民利益,农民希望有一批搞推销的经纪人为农民进入市场牵线搭桥。因此,这类经纪人善于研究市场信息,通过各种渠道与外地客商建立购销关系,当地的农副产品大都靠他们销售出去。

三是信息经纪人。由于发展农村经济离不开准确及时的商品供求和农业技术等方面的信息,因此,农民渴望有一批信息经纪人进入农村市场,交流致富等信息。这类经纪人主要是把外地打工获得的致富信息向家乡反馈,帮助父老乡亲发展经济。

实践中,三类经纪人的界限不是非常明确,不少经纪人兼备其中的两个或者3个特征。经纪人之所以在农村经济中能够发挥重要的作用,主要是因为农产品进入市场,必须有合适的方式和渠道,作为单一经营的农民,因为信息缺乏、营销能力差,很难单独进入市场。而土生土长的农民经纪人具有信息、市场等资源优势,成为带领农民进入市场的最佳载体,农民经纪人通过提供有偿服务,在带动农民增收的同时,也给自己带来丰厚收入。因此,从事农民经纪人从事信息服务的市场前景比较看好。

二、关键技术

从事信息服务的关键技术就是信息搜寻与获取、加工与处理,以经纪人为例,做好一个农民经纪人必须具备如下一些条件。

一是头脑灵活,信息灵通。这是基本条件。信息搜寻要逐渐借助信息工具,其中互联网就是一个很重要的工具。农民经纪人最好能自己添置一台电脑,并装好网线,学会上网,从网上及时了解各类供需信息。同时,经纪人还要善于构建自己的信息发布网

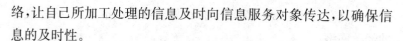

络,让自己所加工处理的信息及时向信息服务对象传达,以确保信息的及时性。

二是具有一定的营销能力和营销知识,掌握一些市场资源。从事经纪活动要自觉学习市场营销学知识,并定期到农村走动,了解农副产品生产加工情况,营建农副产品供给网;定期与客商沟通,了解外地市场销售情况,营建农副产品销售网。

三是具备一定的资金实力与融资能力。刚起步也可以通过借款或向信用社贷款。

三、经济核算

以农产品经纪人为例。投入方面主要有:

(1)印制一批名片,约需要50元。

(2)最好配置一台可上网电脑,用于发布销售信息和查询有关市场信息。约需要3 500元(购买时候,可参考家电下乡产品)。

(3)电话一部、手机一部,约需要1 000元。

(4)流动资金,根据情况可多可少,一般可准备2 000~3 000元启动。合计:6 500元左右。

收益方面:

收益视销售情况而定。刚开始因为没有打开市场,收益少,甚至亏损。过段时间,逐步积累了自己的资源,慢慢建立自己的资信,拥有一定的营销网络之后,收益一般每年在几万元以上,不同规模的经纪人,差别很大。

四、风险评估

(1)信息风险。信息存在真伪之分,及时与否之分,因此,信息本身存在风险。这要求信息服务提供者在信息搜寻、信息处理方面多下工夫。

(2)经营风险。市场信息瞬息万变,以信息为服务内容的从业者必须具有良好的市场经营能力,最好能准确瞄准市场,构建良好的经营网络。

(3)信用风险。信息服务过程中,多以口头承诺,书面契约的形式出现,这要求信息服务的提供方与消费方都基于守信的原则,否则,信息服务无从进行下去。要降低信用风险,信息服务者首先要树立自己良好的资信与品牌,最好能与信息服务需求方建立和谐的业务往来关系,以强社会关系夯实市场信用关系。

第十三节　小本经营项目创业指南

本节主要介绍小本经营常见的项目,如竹编、石雕等手工业和餐饮服务业项目。

一、手工业项目

(一)竹编手艺项目

竹编是我国传统的民间手工艺术,历史悠久,源远流长,早在新石器时期的良渚文化遗物中,就已经出现了竹编器具,它以竹子为原料,用竹条篾片编成各种生活用具和观赏陈设品。

1. 市场前景分析

在追求个性化的今天,手工制作工艺以其独特的艺术魅力、装饰性和实用性,已经在我们身边流行起来,像风一样渗透到我们生活的方方面面,带来巨大的市场。2008 年 8 月 1 日,国家限制使用和禁止无偿提供塑料购物袋。此政策的出台也刺激了竹编手工艺的发展。

2. 经营条件分析

(1)竹编原料的获取。可以通过两个途径:一是在林业发展得较好的地方直接联系竹源。目前我国大力支持发展林业,竹源随之增多,竹编者也就有了更宽的选择面。二是从竹编原料厂购置原料。竹编的流行导致竹编原料的需求量加大,有需求就有市场,因此,竹编原料厂的数量不断扩大,竹编原料的购置也就变得极为方便。

(2)竹编工艺技术。可分为细丝和粗丝竹编,包括瓷胎竹编和无瓷胎竹编。

①细丝竹编技术。细丝竹编(瓷胎竹编)使用的竹材是经过严格挑选来自成都地区的特长无节慈竹,经过破竹、烤色、去节、分层、定色、刮平、划丝、抽匀等十几道工序,制作出精细的竹丝,全是手工操作。瓷胎竹编所用竹丝断面全为矩形,在厚薄粗细上都有严格要求,厚度仅为一两根头发丝厚,宽度也只有四五根发丝宽,根根竹丝都通过匀刀,达到厚薄均匀,粗细一致。瓷胎竹编在制作过程中全凭双手和一把刀进行手工编织,让根根竹丝依胎成形,紧贴瓷面,所有接头之处都做到藏而不露、宛如天然生成、浑然一体。

②粗丝竹编技术。粗丝竹编(无瓷胎竹编)是用竹条篾片编成生活用具和观赏陈设品。制作过程是先将竹子剖削成粗细均匀的篾丝,经过切丝、刮纹、打光和劈细等工序,编结成各种精巧的生活日用品。

瓷胎竹编产品技艺独特,以精细见长,具有"精选料、特细丝、紧贴胎、密藏头、五彩图"的技艺特色。无瓷胎竹编则是以实用为主,主要具有贴近生活,方便生产生活的特点。

(二)石雕手艺项目

石雕在我国历史悠久。在漫长的旧、新石器时代,石器加工是岭南原始先民谋生的手段。"中国四大石雕之乡"分别是:山东省嘉祥,福建省惠安,浙江省青田,河北省曲阳。

1. 市场前景分析

近年来,随着人们物质文化生活水平的不断提高和审美观念的不断改变,石雕制品的应用范围也在不断扩大。随着国内城市

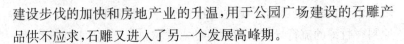

建设步伐的加快和房地产业的升温,用于公园广场建设的石雕产品供不应求,石雕又进入了另一个发展高峰期。

2. 经营条件分析

石雕的原料,即石材,具有坚实、耐风化的特点。因而广泛地应用于建筑构件和装饰上。石材主要是经过开采或者从石材公司购得。对于小本经营来说,通过开采获取石材显然是一种不切实际的做法。获取石材最好就是从石材公司购得。从南到北,依托当地人世代相传的石雕手艺在短时间里迅速崛起的石材加工和销售集散地也为数不少。

石雕制品种类繁多,其分类方法也很多,但其加工工序大致相同,一般有:石料选择—模型制作—坯料成型—制品成型—局部雕刻—抛光、清洗—制品组装—验收和包装。而加工这些石雕制品,其传统的手工加工技法有以下4种:

"捏",就是打坯样,也是创作设计过程。有的雕件打坯前先画草图,有的先捏泥坯或石膏模型。

"镂",就是根据线条图形先挖掉内部无用的石料。

"剔",又称"摘",就是按图形剔去外部多余的石料。

"雕",就是最后进行仔细的琢剁,使雕件成型。

石雕具有坚实、耐风化的特点,可以用于石塔、石桥、石坊、石亭、石墓,以及建筑构件和装饰,所以它有很强的适用性。石雕表面造型方式多样,如浮雕、圆雕、沉雕,给人以不同的视觉冲击及立体感。

二、餐饮业项目

(一)如何经营小面馆

1. 选人流量大的地段

对于面馆来说,要想将其经营好,选好地方很重要。如果把面馆开在背街小巷,远离城市或人员稀少的地方,那是肯定不会挣到什么钱的,只会越做越亏本;但是,如果把面馆开在城市的中心区域和核心要道旁,虽然人流量较大,但是在这些地方开面馆,租金也比较昂贵。对于一些才创业不久的人员来说,昂贵的租金的确是对他们的一个很大的压力。同时,如果经营的品种单一,或者和其他面馆所做的食品雷同,那么想在这个黄金宝地多挣些钱,也不大现实。

在面馆的地点选择上,想创业的朋友,要注意以下几点,做到冷静选地点、理智选地点、综合比较选地点。

要在对自己面馆正确定位的基础上选择地点。开办小面馆,主要就是为了方便群众就近快速吃面。但不同的人群对面的选择也不尽相同。这就要看创业的人所开办的面馆主要是针对什么群体的人。一般来说,比较高端的面馆开在商业区或城区人流量大的位置比较好,因为这类面馆服务的人以商务人士或白领阶层为主,这些人讲究的是快节奏的生活和工作方式,他们比较倾向于选择离单位或家近的面馆就餐;对于城市居民而言,服务他们的面馆,一般选在居住区周边或居住区到主干道的中间比较好,因为这类面馆的顾客属于固定与分散相结合,既有老顾客,也会有临时前来就餐的路人,这些人到面馆吃面,主要原因是不想在家忙碌,或者家里停电停水,或者嫌自己做太麻烦,所以才在外就餐。

小区开面馆也是很有讲究的!

把面馆开在居民小区也要注意,并不是在居民小区开面馆越多越好,如果在一个贫困人口较多的小区开设面馆,不仅不会有什么生意,反而会导致亏本;如果在工薪阶层居多的小区开面馆,生意也会受到影响,因为工薪阶层一般比较节约,是不会轻易和经常在外就餐的。所以,如果要把面馆开到居民小区,就要选择那种收入水平中等偏上,工作比较繁忙,经常在外就餐的人员所居住的小区。如果面馆的主要服务对象是农民工,那么,把面馆开设在农民

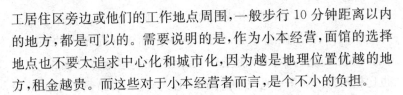

工居住区旁边或他们的工作地点周围,一般步行 10 分钟距离以内的地方,都是可以的。需要说明的是,作为小本经营,面馆的选择地点也不要太追求中心化和城市化,因为越是地理位置优越的地方,租金越贵。而这些对于小本经营者而言,是个不小的负担。

2. 品种多,现做为主

经营小面馆,需要在自己菜品的数量和种类上多下功夫。要为不同的群体设计不同品种的面食。在面条的选择上,做到干面、水面、细面、粗面的结合;在原料上,做到荤素搭配,在荤素原料的选择上,也要注意多样化和巧妙搭配;在口味的选择上,要注意清淡、麻辣的有机统一;在面食的制作方法上,可以做到清汤、红汤、干拌、凉拌等烹饪方法的结合使用。总之,在品种的选择上,要尽可能地考虑到不同人群的不同需求,在口味、原料、烹饪方法上进行必要的创新和发展,使自己面馆的面食对更多的顾客能有吸引力,这样才能在方便群众的同时,给自己增加利润。

经营面馆,另一个需要注意的就是,面食要尽可能地采取现场加工的方式进行。现场加工,一方面可以保证顾客吃到"刚出锅"的面条,让顾客吃得放心,吃得安心,另一方面,也可以为面馆经营者节约必要的成本,减少不必要的开支。面食有个特点,就是要"趁热吃",如果放的时间过久,面食冷了,不仅口感不好,而且也会变得不新鲜。同时,如果过早地把面食做好,而恰好遇到顾客不喜欢那种口味,对面食经营者而言,就损失了部分的材料和加工成本,这对任何一个经营者而言,都是不划算的。

3. 要有自己的"招牌"

开面馆同开其他餐馆一样,需要讲究"招牌菜"效应。一个面馆,如果能制作出一些有特色的面食,作为其"招牌面"或"主打面",那是很不错的。很多餐馆就是凭借"招牌菜"效应,吸引了不少顾客前往消费。一个面馆,如果能做出自己的"招牌面",同样可以吸引不少的顾客前往捧场。要做出像样的"招牌面",让顾客感觉到"这面好吃",也是不容易的,需要面馆的经营者从面条的选择,原材料的选用和搭配,调味品的添加与结合以及烹饪方法等多方面的综合努力,有时还需要我们的经营者进行必要的改进甚至创新。要知道,顾客的口味是越来越习的,他们不会长期只吃其中一种面,肯定有换口味的想法,因此,我们的面馆经营者,在对待"招牌面"上,也要注意适当的革新,不要过于迷信"靠一种面就能长期挣钱"。同时,"招牌面"更重要的是要注重质量,而不能过度地追求数量,数量多了,就会逐渐变得普通而失去特色;数量多了,就不叫"招牌面"了。"招牌面"的品种和数量,有一到两种就行,当然,在制作招牌面的同时,也不能忽视其他品种的面食,否则会得不偿失。

(二)如何经营小饭馆

1. 家常菜手艺精湛,品种齐全

就重庆地区而言,人们的饮食习惯偏向于厚味,以麻辣、多盐等味型居多。重庆地区人们的饮食类别,受川菜影响较大。因此,对于小饭馆的经营者而言,对川菜的做法要有起码的了解,如回锅肉、盐煎肉、宫保鸡丁、水煮肉片、蒜泥白肉、肉末茄子、家常豆腐(二面黄)、红烧肥肠、火爆腰花等菜品要基本会制作,不能"浑水摸鱼",不能搞"偷梁换柱",更不要在制作的菜品上"混淆视听",不要把回锅肉和盐煎肉混为一谈,不要把合川肉片和江津肉片当成是一个菜,不要将红烧豆腐误当成家常豆腐,等等。

要经营好自己的小饭馆,除了精湛的厨艺外,还要有比较齐全而丰富的品种,才能更好地满足有不同需求、不同口味、不同饮食偏好的顾客的就餐需要。要知道,无论从事什么经营项目,其本质都是在顾客身上挣钱,顾客就是上帝,要想让顾客放心、满意,心甘情愿地把钱拿给你,感觉值得。因此,作为老板应该尽可能地满足顾客各方面的合理需求。

2. 适合当地饮食习惯

作为开办小饭馆的经营者,在菜品的设计和烹饪时,还要留意当地的饮食习惯、民风习俗。简单地说,就是要以当地多数人的饮食习惯为基础来经营小饭店。就重庆地区而言,对小饭馆的经营者来说,在菜品的制作上,要做到适度厚味,花椒、辣椒和盐要适当多放,要做到荤素搭配,同时还要做到每餐必有汤菜。

3. 价格合理,诚信服务

和经营其他项目一样,经营小饭馆,同样要讲究诚信为本。

对于经营者而言,要获取最大的利润,是合情合理,也是合法的。

但是,要多挣钱,要以诚实劳动和合法经营为前提的,绝对不能靠投机倒把、偷梁换柱、短斤少两、坑蒙拐骗、价格欺诈等非法手段,获取不义之财,绝对不能有"反正我不在乎回头客,能赚一个是一个,能宰一个是一个"的错误想法和行为,绝对不能有强迫交易、刁难顾客的思想和行为。对于小饭馆经营者来讲,要懂得"薄利多销"和"回头客效应"的影响。经营小饭馆,原本就是小本生意,因此,利润的积累和获得,需要讲究"细水长流",要逐步积累,切不可急功近利,幻想短期内暴富;"回头客"对于任何一个经营者而言,都是非常必要的,回头客的出现,不仅表明了他们对经营者的信任和认同,更重要的是,回头客有时往往还会介绍和带动更多的人前来消费,这对于任何一个经营者来说,都是非常渴望看到的事。对于经营者而言,都是希望能留住固定顾客的同时,还要尽可能地"发掘"出更多的新顾客。诚信对于小饭馆的经营也很重要,最主要的就是要做到饭菜质量有保证,安全有保障,饭菜的分量足,服务有档次。总之,要和顾客消费的费用相匹配。对于一些还兼营了饭菜外卖和递送的饭馆,则更要讲究诚信和服务,在接到订单后要及时制作,及时递送,保证客人用餐。

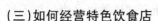

（三）如何经营特色饮食店

1. 开办加盟店

加盟店，是当前饮食界的一个新生现象。开办加盟店，可以运用其母公司的技术和设备开展经营，并依托母公司的品牌效应，为自己挣得相应的利润。不过，经营加盟店和自己开办小店不同，需要一些比较繁琐的程序，要缴纳一定的保证金，而且店面的设计、食品的制作工艺等，均有统一的要求，经营者自主调整和创新的余地不大，几乎属于照本宣科的经营性质。

不过要警惕某些不法加盟商的骗人把戏。加盟商最喜欢抓住创业者图省事，短期要求赚大钱的心理，在广告上面大肆宣传。随便翻开一本商业杂志，包括部分知名加盟网站，便会看到铺天盖地的加盟广告，诱惑的语言，诱人的利润，动人的承诺，一切看上去像是上天安排给自己的赚钱机会，于是在发热大脑的驱使下，众多创业者会不由自主掉进加盟或所谓连锁的圈套！世界上没有轻轻松松的成功！创业是充满希望的，但其道路也是充满艰辛的，必须用谨慎、勤奋、节约的态度才能保证顺利走到最后！

2. 自创特色项目或结合旅游开发传统美食

1995 年，重庆南岸区南山镇农民李仁和，在招待朋友时，用自家饲养的土鸡，配以当地的山泉水和一些农家调料，制作出了一道特色菜——南山泉水鸡。其后，在相关部门的支持和当事人的改进下，"南山泉水鸡"成了当地一道响亮的美食品牌，南岸区政府甚至举办过"南山泉水鸡文化节"。可以说，"泉水鸡"在南岸美食界所起的带头作用是不言而喻的。如果小饭馆的经营者能在日常经营的同时注意观察在日常的烹调及对顾客的访谈中，收集他们的意见和建议，并在实际下厨过程中加以改进，经过一定时间的历练，一定会创建出自己的特色项目。特色项目创建后，如果能争取到相关部门的引导、支持和扶持，使之变成一个新的饮食项目，所带来的利润和附加值会非常大的,能有这样的机会当然很不错。

结合旅游开发传统美食是当前的一个新的趋势。随着生活和工作节奏的加快,以及城市化进程带来的环境污染,不少城市人产生了返璞归真、向往自然的想法。于是,各种旅游活动兴起,以休闲旅游和"农家乐"为主要形式的都市近郊旅游成为一些城市居民的选择。而农家乐的兴起,给一些农家菜品、"私房菜"和传统美食带来了新的发展机遇。如果利用这个机遇,对一些传统美食进行必要的加工和包装,提升其附加值,不仅能满足部分城市居民想就地就近吃到农家传统美食的愿望,也让一些"养在深闺人未识"的传统美食得以重见天日,得以光明正大地走向大城市,摆上更多寻常百姓的餐桌。

三、流通商贸业项目

近年来,随着"万村千乡市场工程""两社两化"等项目的实施和推进,我国农村市场体系得到较快发展。传统商业企业不断改造升级,国有、集体及各类非公有制经济成分繁荣活跃,成为农村商品流通的主体,农村商贸流通多元化发展格局初步形成。随着农村居民收入的稳步提高,交通、广播电视、电力、通信、网络等基础设施的完善,农村消费环境日益改善,带动并扩大了农村消费。以重庆市为例,2007 年,市县以下农村市场社会消费品零售总额达442 亿元,同比增长 15.7%,增速比上年加快 2.5 个百分点。100个重点中心镇商业销售服务额达 287 亿元,比上年增长 21.3%,同比提高 1.8 个百分点。

但是,由于多年来受"重生产、轻流通""重城市、轻农村"等传统思想的影响,城乡之间商贸流通发展不平衡,城乡居民消费差距较大,农村商业相对于城市商业仍显落后。农村商贸发展中,仍存在着市场网络体系不健全,信息网络不完善,基础设施建设薄弱,结构性矛盾突出;流通主体规模小、实力弱,龙头企业培育不够,总体带动能力不强；现代化程度不高，信息不对称，城乡商品流通不畅；资源配置统筹不够，有限资源缺乏有效利用；农村服务不完善，不能满足广大农民需求；农村商贸人才匮乏，流通组织化程度不高；市场不够规范，竞争不尽公平，经营成本较高；农村消费不安全、不方便、不经济等矛盾和问题。

（一）如何经营农家小超市

1. 增加经营项目

由于农家小超市发展空间的局限性，应该把增加经营项目列为首位目标，切不可以惯有的经营方式进行。应该把一些以前没有但周围群体需要的经营项目纳入到新的经营当中来，从而达到提升整体经营业绩的目的。

2. 提高有效商品的引进

农家小超市商品定位都是一样的规模，一样的布置，而这种模式正是制约和影响其在社区发展的主要问题，应该突破这种经营方式，进行统一连锁地区划分的经营变动，使门店在不同的社区范围内形成各自的特色格调，从而成为社区内的小型购物中心。

3. 增加消费者的入店次数

固定的消费群体以及固定的消费使得顾客已经形成一种潜在的消费时间段，例如，有部分人喜欢在周日进行统一购买，有些顾客喜欢在周三进行购买等，那么就要突破这种消费的模型，使周围的消费者变每周一次为两次，这样就要前边两项的支持和配合才能把消费者吸引进来。

4. 进行商品的错位经营

所谓的商品错位经营就是指和竞争门店的商品进行错开，以顾客的需求为主要目标，而与其他大型竞争者和小型竞争者之间实行错位经营，从而避免过多的竞争以到影响到毛利率的提升。

当然，以上提到的四点也不是很全面，比如在服务质量等方面也要进行必要的调整,总之从每个细节做起,相信你的超市的销售一定会有所提升。

实例:浙江省临安市 2005 年就已经在浙江省山区县市中率先实现连锁超市乡镇全覆盖。过去,该市农村消费基本建立在以夫妻店、杂货店为主要支架的商品流通体系之上。这种夫妻店、杂货店店主一直沿袭传统的经营理念,注重商品销售和个人盈利,不注重购物环境和产品质量,存在诸多问题与不足。随着人们生活水平日益提高,农村现代流通网络建设的不断推进,农村超市开始走入了百姓生活。如今,农村连锁超市(便利店)开到了每个行政村,店面统一标识,使用统一货架,统一服务标准,统一明码标价,购物环境更加舒适,卫生大大改善,已和城里的大超市没有任何区别。老百姓买得更称心了,用得更舒心了,吃得更放心了,经营者开店更顺心了,服务更热心了,农村商贸经济发展也更快了。

(二)如何经营便利店

近年来,由于大型卖场的数量不断增加,中小型卖场由于在商品品种以及经营项目的量小、经营理念的落后,加上经营成本居高不下,导致生存空间越来越小,从而引发了业态的变革,产生了居于超市和小型杂货铺之间的另外一种业态——便利店。

便利店主要是为方便周围的居民或是人群而开设的一种小型超市,是生存于大型综合卖场及购物中心的商圈市场边缘的零售业。

便利店的经营应紧紧抓住大型卖场的市场空白点,为消费者提供一个方便、快捷的购物环境,以此来赢得消费者。

因为它具有超市的经营特点,便利店的经营成本价格优势及便利优势,迅速赢得了消费者的青睐,因而得以快速发展,并形成了连锁化经营。

便利店的经营面积一般在 60~200 平方米。都开在社区及路边的人气比较旺的地方,以此来赢利。

便利店基本都是以销售日常食品为主,因此装修以简洁实用为主。店前的地面平整,易搞好卫生,不至于使灰尘太多即可,一般会用素色地板或是直接使用水泥地面。店堂的色彩要求比较淡雅明快清新,店面地板以素色、浅色为主,一般使用乳白色或是米黄色的地板。便利店的招牌一般等同于店面的临街宽度,制作时不宜太豪华,只需符合自己特点,能有效地契合企业的经营特点,且能符合便利店本身的特征即可。

便利店的商品结构中,食品 50%,日用化妆品 20%,日用百货20%,其他 10%,需单品数 2 000～3 000种。

(三)如何经营现代农村代销店

在农村市场,做好农村代销点,首先需要选择合适的企业来联合代销。可采用如下的经营方法。

1. 易货

在农产品收获季节,连锁网点用农民需要的工业品换取农民生产的农副产品,商品各自作价,等价交换,自愿平等,诚信公平。这样,企业既可扩大工业品的销售,占领农村市场;又可收购到农副产品,满足企业在城镇的网点对农产品销售的需要,从而扩大企业经营规模。

2. 赊销

在农事季节,农民需要购买种子、肥料等农业生产资料,而此时往往又是农民"青黄不接"、手头缺钱的时候。农村连锁网点可根据农民的需要,组织相应的产品赊销给农民,等农民收获之后再付款。这可能占压企业较多的流动资金,增加财务成本。解决这个问题可考虑在赊销给农民的产品价格上,与农民进行开诚布公的商讨,做到互利双赢。

3. 订单购销

订单购销的好处主要是能够建立相对稳定的购销渠道,保证供应链的衔接。可采用两种形式:①企业向农民订购。对于本企业用于销售或提供给生产企业所需要的农副产品,在农民下种前就与农民签订收购合同,指导农民组织生产。在收获季节,企业按合同收购农民的产品,支付给农民现金。②农民向企业订购。农民根据自己种植养殖或生活所需要的产品情况,委托企业连锁网点代为购买,网点再按市场价格出售给农民,满足农民生产生活需要。

农村连锁企业业务经营范围创新。农村消费者在空间分布上不集中,有些还生活在偏远山区,生产生活的需要使这些农民的消费具有多样性。从现实上看,农民购买生产生活用品,特别是"大件商品"存在很多困难,而企业设立连锁网点的成本高,农民需求类别多而数量小,取得效益很不容易。如果农村连锁网点单纯从事农副产品收购或仅向农民提供传统意义上的生产生活用品,经营传统的商业业务,显然不能很好地满足农民的消费需求,企业的效益也可能受到影响,必须拓展新的业务。可采用如下方式:

(1)"一网多用"。"一网多用"可以解决农村流通及服务网点少带来的消费不便问题。企业在农村设立连锁网点,从事农资、日用品、农副产品购销业务。同时,与电信合作经营手机、手机充值卡业务;与银行合作在店内设自动取款机;与农村医疗机构合作,设立药品专柜;与电力部门合作,代收农民电费;与书籍批发商合作,代售各类图书等,充分发挥网点为农民提供全方位服务的作用。

(2)经营服务一体化。农村连锁网点除了出售商品外,还提供相关的服务,如出售电视机、手机等,为农民提供维修和保养;出售种子、肥料等,为农民提供科学使用方法指导;出售药品,请专业医生为农民提供咨询;包括部分商品的退换货等,以解决农民购买的后顾之忧。

四、旅游观光农业

随着人民生活水平的提高,生活节奏的加快,越来越多的城市居民向往到安静的农村放松休息。双休日、端午节、中秋节等节假日,人们纷纷涌向乡村、田园,"吃农家饭、住农家屋、做农家活、看农家景"成了农村一景。

发展观光旅游业,投入可大可小。从小本经营角度出发,就是要充分利用现有的资源，优美的自然环境、丰富的农业资源、较为宽裕的自住房、便利的交通吸引游客。当然，最为重要的是有自己鲜明的特色。

农家乐与观光农业是相辅相成的，你中有我，我中有你，为了介绍方便，我们采用统分结合的方式来叙述。

(一)我国观光旅游农业的发展现状

在我国，观光旅游农业在20世纪90年代最先在沿海大中城市兴起。在北京、上海、江苏和广东等地的一些大城市近郊，出现了引进国际先进现代农业设施的农业观光园，展示电脑自动控制温度、湿度、施肥，无土栽培和新农特产品生产过程，成为农业生产科普基地。如上海旅游新区的孙桥现代农业园地、北京的锦绣大地农业观光园和珠海农业科技基地。近几年，由于人民群众的休闲需求，加上党和政府的积极引导和扶持，观光旅游农业在我国蓬勃发展起来。

(二)我国观光旅游农业的发展前景

1. 我国旅游业的飞速发展为观光农业提供了充足的客源

观光农业属于旅游业，其发展与旅游业的整体发展密切相关。从1994年以来的有关数据也表明，城镇居民旅游人次和旅游支出都是逐年递增的，尤其近年随着假日经济的兴起又有大幅增长，旅游业保持了稳定而高速的增长，国内旅游有很大的发展空间。鉴于观光农业的特性，对其需求主要来自国内游客，因此客源有充分保证。

2. 观光农业别具特色，是我国旅游业发展方向之一

(1)观光农业投入少、收益高。观光农业项目可以就地取材，建设费用相对较小，而且由于项目的分期投资和开发，使得启动资金较小。另一方面，观光农业项目建设周期较短，能迅速产生经济效益，包括农业收入和旅游收入，而两者的结合使得其效益优于传统农业。例如：农产品在采摘、垂钓等旅游活动中直接销售给游客，其价格高于市场价格，并且减少了运输和销售费用。

（2）我国地域辽阔，气候类型、地貌类型复杂多样，拥有丰富的农业资源，并形成了景观各异的农业生态空间，具备发展观光农业的天然优势。

（3）观光农业的一大特征是它体现了各地迥异的文化特色。我国农业生产历史悠久，民族众多，各个地区的农业生产方式和习俗有着明显的差异，文化资源极为丰富，为观光农业增强了吸引力。

观光农业是旅游这一朝阳行业中最有潜力的部分，在未来几年中将有巨大的市场机遇。

（三）农家乐的经营

开办农家乐投入少，门槛不高，利用自家的一些设施就可以开门揽客，但想把农家乐做大做强，却并不是一件容易的事情。

首先，找准市场需求、突出乡土特色。因为农家乐传播的是乡土文化，体现的是淳朴自然的民风民俗，盲目追求豪华高档，简单地把城里的一些娱乐项目搬下乡并不可取，必须依托当地文化，因地制宜。如春天组织游客踏青、欣赏田园风光，夏天到山林采蘑菇、避暑，秋天进果园摘果尝鲜，冬天到山野玩雪，赏雪景等。让游客参与到当地特有的农村日常生产生活中，品味原汁原味的农村地域文化，这是一种独特的经营方法。

其次，确定消费群体、提高服务质量。目前，选择农家乐这种旅游方式的一般都是中等能力的消费者。为此，农家乐所提供消费服务要突出农家特色，价位要适度。尤其要注重饮食、住宿、卫生和环境安全，让游客吃得放心、玩得开心，乐于回头。

最后，找准发展方向、提倡产业经营。目前很多农家乐还是以散户农闲时经营为主，难显其优势。农家乐必须走产业化的路子，以村或者散户联合的形式，组成农家乐生态旅游村。联合接待，共同经营，相互依存，使旅游致富的蛋糕越做越大，农家乐才能真正"乐"农家。

简言之，开办农家乐的要诀是如何将游客吸引过来，并且使游客下次还来。

1. 创办农家乐的相关程序

各个地方创办农家乐的程序不一样,需要向当地有关部门咨询,一般程序有如下3项。

(1)对有条件、符合当地农家乐规划和区域布局,有意从事农家乐的业主,可向当地乡镇有关部门提出申请,初审后报县农家乐发展综合协调小组办公室(办公室一般设在县旅游局)。

(2)县农家乐发展综合协调小组办公室对照申办条件审核后,出具审核意见书。

(3)业主凭审核意见书到卫生、工商、税务部门办理相关证照:

①卫生局领取卫生许可证——工商部门办理营业执照——税务部门税务登记。

②规划部门备案——土地部门临时用地备案——水利部门备案——林业部门备案。

③环保部门审核、消防部门审核、其他部门审核。

④证照齐全后,经业主申请,县农家乐评定委员会给予认定,符合条件后颁发农家乐标牌和证书,即可营业。

2. 农家乐需注意的一些事项

从经济利益等方面考虑,农家不可能聘请专业厨师,更不可能去学习专业厨艺技能。但餐饮服务的水平又直接影响着农家乐旅游的发展,一般应注意以下几点。

(1)服务人性化。勤劳简朴、热情好客是中华民族的传统美德,特别是远离市场竞争的乡村,村民大多心地善良、淳朴憨厚。但是随着游客数量和接待次数的增加,许多开展农家乐旅游的家庭住户的管理人员(一般是户主)服务水平不高,服务意识不足,往往会造成无论是哪位客人的要求、不管是什么要求、能不能够达到都满口答应。但是由于农家住户服务人员较少,一旦忙起来,客人的要求不能够及时满足,就会给客人不好的印象。其实,农家乐的服务人员不能一味迁就客人而勉强为难自己,而要学会合理拒绝客人,尤其是在现有条件下很难满足的要求。同时在客人用餐时,服务人员不能走远,要及时为客人提供服务。

（2）器具统一化。与居家自用不同，游客用餐讲究的是协调与舒适。但许多农家乐餐馆使用餐桌、餐椅、餐具并不统一，往往在同一家可以看见颜色式样各异的桌子和椅子，一个餐桌上可以看到大大小小的盘子、高高低低的碗，塑料的、搪瓷的、铁质的一起上，给人以不整洁之感。因此，农家乐需要根据自己的接待能力配备相应数量的餐具和器皿，如果使用具有地方特色的餐具效果会更好。

（3）卫生安全化。在农家乐的厨房里，生菜与熟菜要分开放置，饮用水源和清洁水要分开，放置面粉、米、油、调料等的储藏间也要防潮、防鼠、防霉变，同时仓库要禁止外人出入。

自然的家庭氛围，质朴的生活方式，文明的休闲内容，是农家乐吸引游客的特色。农家乐要吸引客人，用餐环境必须干净整洁，最好是有专门的餐厅，条件不好的也可以将自家庭院开辟出来，但需要做好灭蝇、灭蚊、防尘、防风沙等工作。不是越高档越好，菜的价格并不是越贵越好。农家乐的菜肴应以民间菜和农家菜为主，一定要突出自己民间、农家的特色，并且要在此基础上有所发展和创新。农家乐的菜肴要立足农村，就地取材，尽量采用农家特有的、城里难以见到的烹饪原料。除了农村特有的土鸡、土鸭、老腊肉、黄腊丁以及各种时令鲜蔬外，还应广泛采用各种当地土特产。

另外，在炊具的选择上，还可以采用当地传统的炊具，如鼎罐、饭甑等，这样更具农家特色哦！

（4）农家乐的主食也应该充分体现出农家的特色。例如，农家乐的米饭就不应该是纯粹的大米饭，而应该做成诸如"玉米粒焖饭"、洋芋饭、糯米饭等。除了用电、燃气等烹煮外，还可以用柴火。

（四）观光农业

1. 观光农业的含义

观光农业是指广泛利用城市郊区的空间、农业的自然资源和乡村民俗风情及乡村文化等条件，通过合理规划、设计、施工，建立具有农业生产、生态、生活于一体的农业区域。由最初沿海一些地区城市居民对郊野景色的游览和果蔬的采摘活动，快速发展为全国范围内的观光农业的全面建设。

观光农业以观光、休闲、采摘、购物、品尝、农业体验等为特色，既不同于单纯的农业，也不同于单纯的旅游业，具有集旅游观光、农业高效生产、优化生态环境、生活体验为一体的旅游休闲方式。它主要有以下几种形式。

(1)观光农园。在城市近郊或风景区附近开辟特色果园、菜园、茶园、花圃等，让游客入内摘果、拔菜、赏花、采茶，享受田园乐趣。这是国外观光农业最普遍的一种形式。

(2)农业公园。即按照公园的经营思路，把农业生产场所、农产品消费场所和休闲旅游场所结合为一体。

(3)民俗观光村

下面我们来看看因观光旅游而致富的乡村。例：重庆市大足县化龙乡，原系该县偏僻乡，自从 1998 年农户罗登强承包土地广种荷花，自建"荷花鱼山庄"开始，该乡发生了翻天覆地的变化。罗氏"荷花鱼山庄"种莲藕、睡莲 300 亩，每年可收获莲藕近 50 万千克，价值 70 余万元；睡莲、荷花出口和内销，年收入 15 万余元；种各种果树近万株，产果 30 万千克，荷田养鱼年产 0.80 万千克。年接待中外游客 4 万余人次，餐饮收入 130 余万元。"荷花鱼山庄"年总收入可达 215 万元以上，与 300 亩稻谷生产(亩产价值 320 元计)年收入 10 万元比较，实现了 20 余倍的经济效益。

2. 发展观光农业的条件

(1)发展观光农业要有较丰富的农业资源基础。农业资源是农业自然资源和农业经济资源的总称。农业自然资源含农业生产可以利用的自然环境要素，如土地资源、水资源、气候资源和生物资源等。农业经济资源是指直接或间接对农业生产发挥作用的社会经济因素和社会生产成果，如农业人口和劳动力的数量和质量、农业技术装备、交通运输、通信、文教和卫生等农业基础设施等。

(2)发展观光农业要有较丰富的旅游资源。观光农业的开发与本地旅游发展的基础密切相关。旅游发展条件良好的地区，其旅游业的发展带来大量的游客，才会有较多的机会发展观光农业。

在分析区域旅游发展基础时,应着重考虑旅游资源的类型、特色、资源组合、资源分布及其提供的旅游功能,同时注意外围旅游资源的状况。

(3)发展观光农业要有较明确的目标和市场定位。观光农业是按市场动作,追求回报率的,任何观光产品都应该具有市场卖点。就我国当前发展趋势来看,观光农业主要客源为对农业及农村生活不太熟悉又对之非常感兴趣的城市居民。因此,观光农业首先应当作为城市居民休闲的"后花园",即市民利用双休日、假期进行短期、低价旅游,作为休闲娱乐、修身养性的好去处。

(4)发展观光农业要有明确的区位选择。区位因素与游客数量具有正相关关系。成功的观光农业园应该选择以下几种区位:①城市化发达地带,具有充足的客源市场。②特色农业基地,农业基础比较好,特色鲜明。③旅游景区附近,可利用景区的客源市场,吸引一部分游客。④度假区周围,开展农业度假形式。

五、如何经营网上农产品特色店

随着拥有电脑的人越来越多,网络的普及和网上支付系统的安全和完善,网络交易逐渐成为一种趋势,网上交易的产品也由最初的 IT 产品发展到服装、饰品、食品、生活用品,昔日很少在网上出现的农产品也赶上时代潮流,开始出现在网店上,农产品网络销售成功的实例也越来越多。

部分投资项目缺乏网上招商平台。以重庆市为例,近年来,在农业生产中,从政府部门到农业生产者都不同程度存在着重视生产环节和产出,忽略流通环节和销售,造成产销脱节。市农委利用"重庆农业农村信息网"开辟供求信息"一站通"和"网上展厅",进行农产品网上促销,"一站通"为黔江猕猴桃和高山娃娃菜、"巴南银针"系列茶、利君板鸭、五布柚销售以及鱼洞蔬菜、凉水,圣灯山的糯玉米、接龙辣椒、石龙南瓜销售提供了网络信息服务;"网上展厅"为重庆恒河、四面山花椒等龙头企业提供展示、销售平台,展出280余家企业、600余种农产品,开展"农产品网上购销对接会",成交6 000多万元。但由于没有建成农产品网上交易平台和投资项目网上招商平台，导致农产品不能进行网上交易，只能进行展示促销。加之重庆市农村偏僻、交通不便、农户居住分散，农产品难卖现象时有发生，例如，去年石柱的辣椒、巴南的番茄等出现了难卖问题。可见，信息不流通、产销不对路、交通不方便已经成为制约农民增产不增收的主要因素，因此，在如今这个信息瞬息万变的时代，网络交易平台也是我们大多数经营者一个不错的选择。但普通百姓想要在网络上做生意，比如在网上开一家具有农家特色的店铺并经营好它，还应该掌握一些基本的网络交易知识，像应该选择什么样的网络交易平台，怎样包装自己的产品等等。

（一）选择好网上电子商务贸易平台

在网上开店首先需要一个电子商务贸易平台，目前的电子商务贸易平台基本上可以分成两种，一种是公共性贸易平台（如易趣、淘宝、阿里巴巴等），另一种就是私人贸易平台（如个人创建或借助网商创建的贸易信息网站网页）。对于初学网络创业的人（像农民朋友）或对独立开店和运作独立商城不太熟悉的人，以及农家蔬菜、水果、土特产等小本收益的商品，建议先选择公共性贸易平台，因为那里的人气比较旺，成交率也比较高。先从公共性交易平台起步，慢慢地做大，到最后，可以尝试自己独立创建网店。下面就公共性贸易平台的选择和开店程序作具体介绍。

（1）首先要选定公共性电子商务贸易平台，一般选择较多的有：

易趣网（网址：http://www.eachnet.com/），淘宝网（网址：http://www.taobao.com/），阿里巴巴网（网址：hup://china.alibaba.com/）。

（2）接下来，就是要为自己的店铺取名，取名很关键，要做到有特点，好记，能吸引人，一个网店名字取得好，在一定程度上会提高自己店铺被关注的程度。农家特色网店，可以结合产品的特色、店铺的风格等进行取名，例如农家蔬菜屋、乡村特产盛宴、七里香等名字。

(二)注册网店

以淘宝网注册网络商店为例。

进入淘宝网主页后,要注意仔细阅读服务条款,根据网络提示和要求注册商店,注册成功后需要通过实名认证才能卖东西,一般要卖东西的人都需要登记身份证号码,然后带上身份证、手机号码到银行开卡和验证,这个过程比较简单,通过验证后,网店就注册完成了。

(三)网店上农产品图片须知

要让顾客了解你的产品,提供高质量的产品图片是很重要的,如果能够在网上找到现成的、画面质量较高的农家产品图片,当然好;如果不能找到理想的图片,也可以自己拍摄,再经专业处理后放到自己的网店里。

把你的产品图片处理得更漂亮、美观,如果有包装,应该认真设计,选择包装色彩搭配、样式等,这样会更吸引客户的眼球。

(四)添加农产品描述

将农产品的产地、名称、重量、保质期限、卫生许可证、产品认证等基本特征详细地传达给顾客,尤其要突出农家产品的特色,除此之外,还应该有联系方式、邮购方式、价格、运费、支付方式、质量担保等相关说明。描述字体适中(建议用四号字体)。定价前,应考察一下市场行情,看看相同商品或类似商品的价位,并考虑当前的市场价格,并将交易费用和邮寄费用都算进去才行,定价太低,利润较少;定价太高,顾客可能被吓跑,因此,价格一定要适中,只有物美价廉才能站稳脚跟。

(五)网上农产品店注意事项

(1)准备好不同银行的卡等买家汇款,像建设银行、农业银行、工商银行、招商银行、邮政储蓄银行等银行的卡,最好开通网上银行,为拥有不同银行卡号的顾客提供方便。当顾客汇款后应该及时查收货款,并在第一时间把货物发给买家,顾客一般会对送货时间短的产品较满意,当产品出售后,你需要主动给顾客发邮件通知交易信息。

（2）多检查你的农产品介绍有没有错别字，错别字在一定程度上会降低顾客对你的信任度；再多看看图片在店铺中的整体效果；多借鉴学习优秀网络产品店的店铺设计、产品介绍、服务方式、经营理念等，不断提高自己对网络农产品店的经营水平。

（3）及时、耐心地解答客户的咨询，同样的产品可能很多网站和店铺都会有。因此，网上生意还求一个"快"字，顾客咨询后，最好半分钟内回复，这样顾客才不会跑掉，如果实在有事，就直接设置淘宝网聊天工具旺旺或 QQ 自动回复，留下能直接联系到自己的电话。

（4）寻找服务态度好、送货速度快的送货公司，推荐使用 EMS 或者比较稳定的快递公司。物流直接关系到顾客的满意度，想增加回头客，及时发货非常重要。邮寄前一定要把商品包装好，尤其是容易压碎旳产品，如米花糖、玻璃瓶装食品、某些干杂货等，多备些防震或抗压的泡沫、牢固的盒子之类。一旦产品在邮寄过程中出现损坏，对买卖双方都有损失，很不划算。

（5）做一个守法网商，遵守国家的法规政策，不要经营国家法律法规明文禁止经营的商品。要诚信为本，不要欺骗消费者，谋取不义之财。

参考文献

[1]宋坤. 农民创业读本. 北京:中国社会文献出版社,2006.

[2]赵松娥. 农民创业致富好项目. 北京:中国农业出版社,2010.

[3]宁泽逵. 新农民创业致富指南. 北京:人民出版社,2009.

[4]韩士元. 农民创业投资指南. 北京:金盾出版社,2010.

[5]姜卫良. 新型农民创业指导. 北京:中国农业科学技术出版社,2011.